新装版

気体放電

東北大学名誉教授・工学博士
八　田　吉　典　著

近代科学社

◆ 読者の皆さまへ ◆

平素より，小社の出版物をご愛読くださいまして，まことに有り難うございます．

㈱近代科学社は 1959 年の創立以来，微力ながら出版の立場から科学・工学の発展に寄与すべく尽力してきております．それも，ひとえに皆さまの温かいご支援があってのものと存じ，ここに衷心より御礼申し上げます．

なお，小社では，全出版物に対して HCD（人間中心設計）のコンセプトに基づき，そのユーザビリティを追求しております．本書を通じまして何かお気づきの事柄がございましたら，ぜひ以下の「お問合せ先」までご一報くださいますよう，お願いいたします．

お問合せ先：reader@kindaikagaku.co.jp

本書の初版は 1960 年に東北大学基礎電子工学入門講座・第 4 巻として発行されました．
この度，1968 年発刊の『気体放電 第 2 版』を新装版として発行します．

序　　文

日ごろ私はアメリカの教科書のよく書かれているのに感心している．名著と呼ばれるほどのものは，第一流の研究者・教育者によって書かれているが，しかもなお，その著述に費された長年月にわたる細心の注意を読みとるとき，真に敬服の念を禁じ得ない．よい教科書は決して資料の集成や羅列から短時日で出来上がるものではない．また著者の研究業績を誇示する意図から生まれ出るものでもない．高邁な科学思想を背景とし，永年にわたる教育経験を通して，にじみ出る情熱なくしては，よい教科書は書かれないであろう．

わが国における電子工学の分野は，その源をわが東北大学に発するといってよいであろう．文化勲章にかがやく八木秀次，岡部金次郎両先生，わが国電気学界の指導的長老 抜山平一先生をはじめとして，今は亡き千葉茂太郎先生，明年定年退官を予定されている渡辺寧，宇田新太郎の両先生等，真にわが国における先駆的研究者たちによって，この分野が切り拓かれ，学都仙台において他に類例を見ない教育・研究のふん囲気が培われてきた．以来幾多の俊秀を世に送り出してきたことは，われわれ後輩の大いに誇りとしているところである．

今日この仙台の地に電子工学科の新設されるにあたって，われわれ教室の同僚相謀り，われわれだけの手で，なんとかして，この伝統の学風を盛り込んだ教科書の編さんしたいと思いたち本講座を計画した次第である．敢えて東北大学講座と銘うった所以はここにある．

本講座は先ずもって初学者を対象として書かれた入門書であって，電子工学における基礎の解説に重点をおいた．これは若き学徒の教科書ともなり，また広く電子技術の初心者への入門書として役立つことを念願したからである．応用電子工学の分野は機会を得て続刊したいと思う．

われわれの電子工学科の学生を対象とするカリキュラムは必ずしも本講座のようには組まれていないものもある．しかし本講座の各冊は大学における講義の２単位に相当するようにまとめ上げてあり，参考書としても手頃な量であると思う．

本講座の計画にあたっては多くの同僚諸君の協力をうけたが，なかんづく，和田正信教授の努力に負うところが多い．また本講座の計画から出版までに示された畏友 金山豊作氏の激励と援助とは忘れることができない．記して深甚なる謝意を表わす次第である．

昭和34年12月　仙台にて

東北大学教授　小 池 勇 二 郎

序　文

この本は気体電子工学の基礎知識として気体内の電気伝導現象を平易に解説することを目的としている．気体電子工学とは気体内の導電現象の応用に関する学問で，各種の放電管，水銀整流器，けい光燈をはじめ，電弧溶接，放電加工等がこの中にふくまれるが，そのほか，しゃ断器のアーク，送電線のコロナ，電離層における電波の反射の問題などもやはり気体電子工学の問題である．これらの研究はエレクトロニクス研究の全体からみると，現在ではどちらかといえば地味なものであるが，最近，核融合を大きい目的としてめざましい発展を示しつつあるプラズマ物理学の研究が基礎となって，気体電子工学も近い将来に注目すべき発展を行なうであろうことが予想されるのである．

この本を書くにあたっての私のねらいには，このほかにもう少し広いものもあった．今までは電気理論といえば電磁気学と交流理論のことであったが，もはやこれだけでこと足りていた時代は過ぎて，どうしても電気伝導現象の物性論的な知識が必要な時代となってきている．そして私は，その学習は気体放電の勉強からはいってゆくのがよいのではないかと思っている．その理由は，気体放電の理論の大部分は量子力学の素養がなくても理解できるし，またそれは半導体工学の基礎理論とも多くの点で共通しているからである．このような考えから単なる気体放電の入門書としてだけではなく，半導体工学を初めて学ぶ人にも本書の一読が役にたつように配慮したつもりである．

この本を読むにあたって必要な予備知識は高校卒ないし大学1年程度の数学，力学，物理学の知識，および真空管の理論のうち，電子放出と空間電荷伝導の簡単な理論である．内容の程度は一応大学の電気工学科や電子工学科の講義の程度を目標としているが，何よりも平易な解説という点に努力し，工業高校卒業程度の人の独習書としても使えるようにした．そのために理論の厳密さにおいて欠けるところがかなりあるが，これはやむをえない．その目的にはまた別によい本があるであろう．欄外左側にある *印から**印までの間はやや程度が高いと思われる部分で，はじめての人はこの部分は飛ばして読んでもさしつかえない．単位系は物理学の慣習にならって主として GGS 静電単位系を用いた．

エレクトロニクスの基礎知識は物性論であり，それを正しく理解するには相当程度の高い物理学の知識を必要とするのである．しかし最近のようにエレクトロニクスが盛になってくると研究者の層の厚さが必要となってくるので，限られた秀才のための参考書だけではだめなのであって，やさしい中にも学問の本質を失っていない，すぐれた入門書の必要性は私は非常に大きいと考えている．

私事にわたって恐縮だが，私は高校時代に病気で数年間休学し，一時はほとんど学業を断念しなければならないかと思われた．そこで私は独学の決心をして，二，三の物理学や電子工学の本を買って読んでみたが，その難解なのに参ってしまった．そしてつくづく，講義に永年の経験のある大学の先生が講義をそのまま（ときどきやる冗談なども入れて）書いたような親切な独習書がないものかと真剣に考えたのであった．そして今日，私は当時を思い出しつつ，当時の自分に聞かせるようなつもりで筆を進めたのである．

しかしながら，実際に書いてみるとなかなか思うようには書けないもので，今さらながら日ごろの自分の不勉強がくやまれてならない．もっともっと勉強しなくてはと痛感させられたのは自分にとって大きい収獲であった．

終わりに学生時代から今日まで指導を受けた恩師 渡辺 寧教授に対し，感謝の念を新たにする次第である．

1960年1月　仙台にて

著者　しるす

目　次

記　号　表

添字 m, e および i はそれぞれ分子に関する量，電子に関する量およびイオンに関する量を表わす．ただし，まぎらわしくないときは添字は省略する．たとえば，n_m, T_m, v_m 等はそれぞれ分子の密度，温度，熱運動の速度を表わすが，まぎらわしくないときは単に n, T, v 等と書く．

A_0：分子量（原子状ガスのときは原子量）

A^*：アルゴンの準安定原子

a_0：水素原子の電子のボーア軌道の半径（0.528 A）

B：磁束密度

c：光の速度

D_m, D_e, D_i：分子，電子，イオンの拡散係数

D_a：両極性拡散係数

d：電極間距離

d_c：グロー放電およびアーク放電の陰極降下のかかる部分の厚さ

d_n：正常グロー放電の d_c

e：自然対数の底（2.718）

E：電界強度

E_c：グロー放電およびアーク放電の陰極表面における電界強度

f_{pe}, f_{pi}：プラズマ電子振動の周波数およびプラズマイオン振動の周波数

g：重力の加速度

g'：電離周波数

h：プランク定数

h_0：デバイの長さ

I：電流

i：電流密度（i_e+i_i）

i_e, i_i：電子電流密度およびイオン電流密度

$i_e(dr), i_i(dr)$：i_e および i_i の駆動電流成分

$i_e(df), i_i(df)$：i_e および i_i の拡散電流成分

i_c：グロー放電およびアーク放電の陰極表面における電流密度

i_n：正常グロー放電の場合の i_c

I_p, i_p：探針電流およびその密度

I_0, i_0：初期電流およびその密度

k：ボルツマン定数

m_m, m_e, m_i：分子，電子，およびイオンの質量

m_H：陽子の質量

N_e^*：ネオンの準安定原子

n_m, n_e：分子および電子の密度

n_i, n_{-i}：正イオンおよび負イオンの密度

n_{m_0}：電離度 0 の場合の分子密度

n_0：プラズマの $n_e(=n_i)$

p：気圧

p_0：温度 0°C における気圧

$(p_0d)_{\min}$：平等電界の場合，V_s を最小ならしめる p_0d

$-q$：電子の電荷

r_m：分子の半径

r_e, r_i：電子およびイオンのラーマー半径

T_m, T_e, T_i：分子，電子およびイオンの絶対温度

t_c：平均自由時間

u_e, u_i：電子およびイオンの駆動速度

V：電位

V_i, V_m：電離電圧および準安定準位の電位

V_p：探針の電位

V_p'：周囲プラズマに対する探針の電位

V_F：プラズマの電位

$V_s, V_{s\,min}$：火花電圧および最小火花電圧

V_B：破壊電圧

V_D：放電維持電圧

V_c：グロー放電およびアーク放電の陰極降下

V_n：正常グロー放電の V_c

ΔV：微小体積

v_m, v_e, v_i：分子，電子およびイオンの熱運動の速度

v_x, v_y, v_z：速度の x, y, z 方向の成分

$\langle v \rangle$：v の平均（$\langle\ \rangle$は平均を表わす）

v_p：一番存在確率の大きい速度

v_T：v の2乗平均の平方根（$\langle v^2 \rangle^{1/2}$）

w_e, w_i：電子流およびイオン流の流れの速度

Z：イオンの電荷の量を Zq で表わす整数

α：タウンゼントの第1係数

α_e, α_i：電子イオン再結合係数およびイオン・イオン再結合係数

β：正イオンが電界方向に単位長進む間に行なう電離数

γ：正イオンによる2次電子放出確率

Γ：単位面積を単位時間中に通過する分子の正味の数，または磁束密度の単位，ガウスの記号

Γ_e：同じく電子の数

$\Gamma(\rightarrow), \Gamma_e(\rightarrow)$：$\Gamma$ や Γ_e の1方向のみの通過数

δ：電子が分子との1回の弾性衝突によって失うエネルギーの電子エネルギーに対する割合の平均値

κ：電子が分子との1回の衝突（弾性衝突と限らず，一般の衝突）によって失うエネルギーの電子エネルギーに対する割合の平均値

Λ：波長

$\lambda_m, \lambda_e, \lambda_i$：分子，電子およびイオンの平均自由行程

$\lambda_{m1}, \lambda_{e1}, \lambda_{i1}$：同上の 0°C，1 mmHg における値

φ：固体面からの電子放出の仕事関数

σ：分子の全衝突断面積

σ_r：イオンの再結合衝突の断面積

$\sigma_i, \sigma_{ex}, \sigma_{el}$：分子の電離衝突，励起衝突および弾性衝突の断面積

σ'：電気伝導度

ρ：空間電荷密度

ν：光子の振動数

μ_e, μ_i：電子およびイオンの移動度

ω_{pe}, ω_{pi}：$2\pi f_{pe}$ および $2\pi f_{pi}$

ω_{ce}, ω_{ci}：電子およびイオンのサイクロトロン周波数

η：電子が 1 V の電位差のある距離を進む間に行なう電離数

第 1 章

気体電子工学の展望

真空中または物質中での電子の ふるまい を工学的に応用することを研究する学問を**電子工学** (electronics) と名付けるならば，それは非常に広い範囲にわたるものと言わなければならない．しかも物理学の分野における物性論のめざましい発達は電子の ふるまい に関して次々と新しい知識を提供し，これがすべて電子工学発展の言わば素材となるので電子工学はますます間口の広い学問となり，その全貌を把握することはなかなか容易でなくなった．このように広い知識を整理整頓する場合にはどうしても分類ということが必要となる．しからば電子工学はどのように分類したらよいであろうか？ 分類ということはもともと便宜的なものであるから，その方法は幾通りも考えられるであろうが，ここでは電子が動きまわる空間が真空であるかまたは気体，液体，固体等であるかによって，

真空電子工学 (vacuum electronics)

気体電子工学 (gaseous electronics または gaseous state electronics)

液体電子工学 (liquid state electronics)

固体電子工学 (solid state electronics)

の 4 つに分けてみる．そして真空電子工学が真空管によって代表されるように気体電子工学は放電管によって，固体電子工学はトランジスタによってそれぞれ代表されるのである．液体電子工学は上記の分類には入れてみたものの現在はまだ発達しておらず，将来のものであるので，以下の説明からは省略しておく．

以上の説明でわかるように気体電子工学は気体中の電子の ふるまい の工学的応用に関する学問である．しからば，これが真空電子工学や固体電子工学に比較してどのような特徴を持っているものであるかということを考えてみよう．もちろん，こういう比較はいわゆる大局的立場に立たないとできるもので

はない．大局的ということは大きい重要な点だけをつかみ，細かい点は考えないことであるから，このような説明を日進月歩の電子工学について試みることには相当の無理があると言わなければならない．しかしながらあえてこれを試みるのは，これをやらないと上記の分類の意味がないと考えるからである．

まず気体電子工学を真空電子工学と比較してみるために両者の代表選手としてそれぞれ真空管と放電管を選ぶこととする．真空管と放電管の真空度はそれぞれどのくらいであるかというと，真空管ではだいたい 10^{-6}～10^{-5} mmHg，放電管ではだいたい 10^{-3}～10 mmHg であるとみてよい．これを 1 cm^3 中の気体分子の数で表わしてみると，温度を 0°C として真空管の場合 3.5×10^{10}～3.5×10^{11}，放電管の場合 3.5×10^{13}～3.5×10^{17} となる．つまり真空管の場合でもわずか 1 cm^3 中に百億ないし千億もの分子があるのであって，真空管の真空が「真に空」であるという意味であるのなら大いに看板に偽りありといわなければならない．しからば真空とは何を意味するものと解釈したらよいであろうか これについて次のような説明を行なってみる．

1 cm^3 中に何百億といえば非常に大きい数であるから，ちょっと考えるとこの中を電子が通ろうとすると気体分子のはげしい衝突を受けてなかなか通りにくいように考えられる．しかし事実はそうでなく，気体分子がきわめて小さいために電子の通過に対してほとんど何らの障害を与えないのである．実験データはこの間の事情を次のように説明してくれる． 衝突のはげしさの目安を与える電子の平均自由行程（2.5 節参照）は空気の場合 0°C，1 mmHg で 0.26mm であり，これは気圧に逆比例するから，気圧が 10^{-6} mmHg～10^{-5} mmHg の場合は 260m～26m となる．つまりこれよりも短い距離ならば，電子はだいたい衝突なしに飛べるわけである．ところで，普通の真空管の電極間距離はだいたい 1 cm の程度でこの値より非常に小さいから，陰極から出発した電子が陽極に到達するまでに，気体分子と衝突することはきわめて少なく，ほとんどないと言ってもよい．つまり電子の立場からみれば「真に空」であるのと実質的には何ら変わりないのである．しからば放電管の場合はどうであろうか．

10^{-3}～10 mmHg の場合は電子の平均自由行程は 26 cm～2.6×10^{-3} cm と

なる(ただし，封入気体を空気と仮定)．一方，放電管の電極間距離は小さいものでは真空管の場合と同程度であるが，大形水銀整流器のように，1m の程度に達するものもあるから電子の平均自由行程より長く，電子と気体分子の衝突ははげしく行なわれる．すなわち真空管と放電管は衝突の有無によって特徴づけられていると言うことができるのである．そして真空管の場合は電子が**図 1.1** に示すように，全然衝突なしに飛べるので，その速度や軌道を外部から電磁力によって自由にコントロールすることができる．これが真空電子工学の大きい特長である．

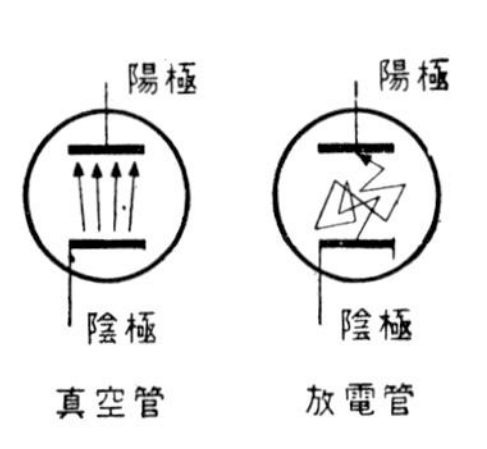

図 1.1．真空管と放電管における電子の動き方の比較．

これに反し放電管の場合は電子の運動は，気体分子とのはげしい衝突の影響を受け，**図 1.1** に示すように全く無秩序的なジグザグな軌道を画くので，これを外部からコントロールすることははなはだ困難である．しかしながら，この衝突にともなって起こるいろいろな現象（それは発熱，発光，電離等であるが）は真空管には全く見られない現象であって，これらの現象の工学的応用の路は広く開けている．すなわち電離はサイラトロンや水銀整流器に利用され，発光は各種の照明用放電管を生み，発熱は電弧溶接や放電加工にその応用を見出せるのである．

次に気体電子工学を固体電子工学と比較してみよう．容易に想像されるように固体の中においても電子は固体を構成する原子とはげしく衝突するから，この点からみれば両者は全く同じである．しからばどのような点に両者の重要な差異を認めるべきであろうか．これを明らかにするために，固体電子工学の選手としてはトランジスタを選び，これを放電管と比較してみる．

第1に考えるべきことは電離に要するエネルギーの相異である．ご承知のように水素原子は，$-e$ なる電荷を持つ電子と，$+e$ なる電荷を持つ陽子の結合からなり，電子を陽子から引き離すに要するエネルギー，すなわち電離のエネルギーは 13.6 電子ボルト (eV) である．ところが同様な現象，すなわち $+e$ と $-e$ なる電荷の結合を引き離す仕事を半導体中で行なわせるには，これよりはるかに少ないエネルギーで足りるのである．それは後者の場合は現象が真空媒質よりも誘電率のずっと大きい半導体媒質中で行なわれるために正負電荷間の静電引力が弱いことによるのであって，この結果，上記の 13.6 eV にあたる数値は *n* 型の Ge および Si 中においてはそれぞれおよそ 0.01 eV および 0.05 eV となるのである．このような小さいエネルギーは常温における熱エネルギーによっても供給されるので，トランジスタの素材となる Ge や Si 中においては常温においても電離が行なわれており，したがって自由電子が豊富に存在しているのである．このことは電離による自由電子の発生ということが特別の手段を加えなければ行なわれない放電管の場合に比較して，工学的応用の見地から見て，非常に都合がよいと言わなければならない．

それでは放電管の特長は何であるかと言うと，いろいろな表現法があるであろうが，自分は端的に言うならば，それは気体はもともと分子の無秩序な配列から成り立っているので，それがこわれる心配が全くないという点であろうと思う．このために原子の規則正しい配列から成る結晶を生命とする半導体機器に比較して，過負荷に耐える力が格段に強いのである．したがって超高温の世界などは全く気体電子工学の独壇場であると言わなければならない．

気体電子工学は，大づかみに言って以上のような特長を有するのであって，今後ともその持味を生かしながら発展を続けるものと思われるのである．

第 2 章

気体論に関する予備知識

第1章にも述べたように放電管の中には 1 cm^3 中に $10^{13}\sim10^{17}$ 個というおびただしい数の分子があり，これらが互に衝突し合いながらひしめき合っている．このように無数に多くの衝突が行なわれると，個々の衝突はいわば でたらめ に起こっているのであるが，全体としてみると全分子の運動はきれいな法則に従っていることを見出すことができるのである．それはちょうど さいころ を 6000 回もふれば，そのうち1の目の出る回数は，約 1000 回であることが始めから予想されるのと同じであって，統計学や，統計力学の問題である．そして統計力学の知識を気体に応用した学問が気体論であるから，気体論は気体放電現象研究のための基礎知識であるといってよい．そこで本章では，気体放電研究の本筋を少し離れて気体論のうちから，本書を理解するに必要な最低限度のものを選んで予備知識として説明することとする．

2. 1. マクスウェルの速度分布則

まず一番手近かな空気について考えてみよう．その 1 cm^3 の中には標準状態で 2.69×10^{19} の分子があり，はげしく衝突し合いながらとびまわっている．このような状態を気体分子が**無秩序運動** (random motion) または**熱運動**(thermal motion) を行なっているという．この場合，個々の分子の速度は，**図 2.1** にベクトルで示すように おそいものも速いものもあり，またその向きもいろいろであるが，その速さの平均はご承知のように理想気体については，

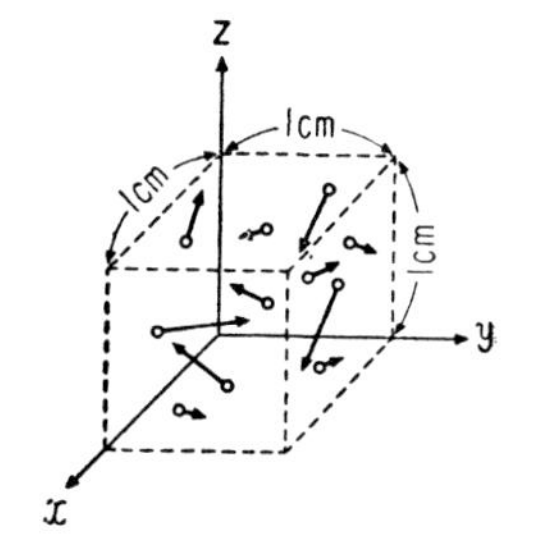

図 2.1．気体分子の熱運動（ベクトルは速度を示す）．

$$\frac{1}{2}m_m\langle v^2\rangle=\frac{3}{2}kT \tag{2.1}$$

で表わされる．ただし，〈 〉は平均を表わす．ここで m_m は気体分子（こ

の場合は N_2 または O_2）の質量，$\langle v^2 \rangle$ は分子の速さの2乗平均，k はボルツマン定数，T は空気の絶対温度である．その大きさは $\langle v^2 \rangle^{1/2}=v_T$ で表わすと，

$$v_T=(3kT/m_m)^{1/2}=1.58\times10^4[T(°\mathrm{K})/A_0]^{1/2} \quad \mathrm{cm/sec} \qquad (2.2)$$

ただし，A_0 は分子量である．したがって 300°K（常温）の N_2 のときは $A_0=28$ を用いて $v_T=515\,\mathrm{m/sec}$ となる．このようにある瞬間の全分子の速さの平均は容易にわかるが，この平均を中心として，全分子の速さがどのように分布しているかはまだ全然わからない．常識的に考えても，この分布のひろがりは，相当すその広いものであると考えられるから，それがわからないと実際上，役にたたないことが多い．たとえば秒速 1000 m 以上の分子は，全体の何パーセントあるかというような問に答えられないのである．では，全分子の速度はどのような形に分布しているであろうか．ちょっと考えると無秩序運動とは，全くでたらめな運動であるから速度の分布もでたらめであるはずで，その中に法則を見出そうというようなことは本質的に無理なことのように考えられるが，実際は前にも述べたように個々の分子の運動は，無秩序であっても全体としてみると美しい法則に従っているのを見出すことができるのであって，これが自然現象のおもしろいところである．この法則は，有名なマクスウェル（Maxwell）によって最初に求められたもので，**マクスウェルの速度分布則**（Maxwell distribution law）と呼ばれており，いろいろな実験事実によって実証されている．

さて，それではマクスウェルの速度分布則とはどんなものであるかを説明しよう．空気のようにいろいろなガスの混った混合ガスは問題を複雑にするから，純ネオンガスについて考えよう．そして，このネオンガスは平衡状態にあるとする．「平衡状態」とは温度の一様な状態を言う．その $1\,\mathrm{cm}^3$ をとり，その中に n 個の Ne 分子があるとし，温度は常温とする．n は前に述べたような大きい数である．1個の Ne 分子は1個の Ne 原子核とそれを取り巻く10個の電子から成る複雑な内部構造を持っているが，常温においてはお互の衝突で内部状態が変わることはないから，当面の問題を取り扱うかぎりにおいては，1個の Ne 分子を全体として1個の粒子として取り扱ってさしつかえ

ない．そうすると1個の分子の状態は，その位置と速度がわかれば完全に決定するから，直交座標を用いると位置を示す三つの座標，x, y, z と各座標軸に対する速度の3成分，v_x, v_y, v_z，つごう6つの座標で表わすことができる．しかし当面の問題は単に速度がどのように分布しているかを知ることにあり，分子がどこにあるかということ，すなわち分子の位置の問題は全然考えないので，位置を表わす座標については考える必要がなく，したがって v_x, v_y, v_z，だけがわかれば我々のその分子に関する知識は十分である．

さて当面の問題は，n 個の分子の任意の瞬間の速度を全部とらえ得たとすると，そのうち，速度の3成分が v_x, v_y, v_z であるような分子がいくつあるか，またその数は v_x, v_y, v_z を変えるとどのように変わるかという問題である．しかしこの表現は数学的には正しくない．それは数学では v_x には全然幅を持たさないので，速度の x 成分がちょうど v_x であるというようなことはほとんどありえないことだからである．それは“身長 170 cm の人”と言っても我々の常識の世界では別におかしくないが，数学の世界ではそれは身長が 170.0000 ………cm の人ということで，そんな人はちょっといないのと同じである．それならどう言えばよいのかというと，常識の世界では身長 170 cm といっても必ずその上下にある幅をみとめ，$170 \pm \varDelta$ cm という意味に用いているのであるから，この幅をはじめからはっきりうたって，“身長が 170 cm から 170.1 cm の人”といえば数学の世界でも立派に通用するのである．これにならって上に書いた当面の問題の表現法を書きかえると，n 個の分子のうち，速度の x 成分が v_x と v_x+dv_x* の間にあり，y 成分が v_y と v_y+dv_y の間にあり，z 成分が v_z と v_z+dv_z の間にあるような分子の数 $dn\ (v_x, v_y, v_z)$ を求めよということである．そして $dn\ (v_x, v_y, v_z)$ は上記身長の例題からもわかるように dv_x を大きくとればふえ，小さくとれば減るもので，dv_x が十分小さければ微分学の考え方に従って dv_x に比例するとおくことができ，同様なことが dv_y および dv_z についてもいえるから，$dn\ (v_x, v_y, v_z)$ は $dv_x \cdot dv_y \cdot dv_z$ に比例するとおくことができる．その比例定数を，$f(v_x, v_y, v_z)$ とすると

* dv_x は正確には無限に小さい量であるが，便宜上小さい量（δv_x または $\varDelta v_x$）を表わすものとする．以下これにならう．

$$dn(v_x, v_y, v_z)=f(v_x, v_y, v_z)dv_x\cdot dv_y\cdot dv_z \tag{2.3}$$

となり，$f(v_x, v_y, v_z)$ を求めることが当面の問題となる．f は分布関数とも言われる．

次に同じ問題を別の言葉で表現してみよう．前述のように，我々は分子の位置を問題とせず，その v_x, v_y, v_z のみを問題としているのであるから，v_x, v_y, v_z をそれぞれ x, y, z 軸にとる3次元の世界の問題とみることができる．しかし，この空間はもはや我々の住んでいる空間ではない．我々の住んでいる実在の空間を位置空間と名付けるならば，新しい空間は**速度空間** (velocity space) と名付けるべき仮空の空間である．はじめての人にはちょっと親しみにくいかもしれないが，読者はしばらくこの速度空間に住んでもらいたい．速度空間では任意の分子の速度は座標(v_x, v_y, v_z) なる一つの点として表わすことができ，この方法で n 個の分子の速度を全部速度空間にプロットすると速度空間にもちょうど n 個の点ができる．この点を仮りに速度点と呼ぶこととする．ただし，速度点の数は位置空間における分子数と同じく n であるが，そのちらばり方が両者で全く異なるのである．**図 2.2** は位置空間と速度空間の対応を説明するために書いたもので，3次元空間は紙上に表現しにくいので，2次元で説明している．すなわち位置平面と速度平面の対応を示している．2次元でも3次元でも，問題の本質は変わりないことは無論である．なぜこのような仮空の空間を持ち出したかというと，それは現在考慮の外としている分子の位置の問題を完全に脱却してしまうためであるといってよい．この速度空間においては，$dn(v_x, v_y, v_z)$ はいかなる量になるかというと，それは位置空間と速度空間の対応を考えればすぐわかるように，**図 2.3** においては座標 (v_x, v_y, v_z) なる点に微小体積 $dv_x\cdot dv_y\cdot dv_z$ を画いた場合，その中にふくまれる速度点の数である．そして $f(v_x, v_y, v_z)$ は，式 (2.3) の定義からなるように座標 (v_x, v_y, v_z) なる点における速度点の密度を表わすこととなる． このようにし

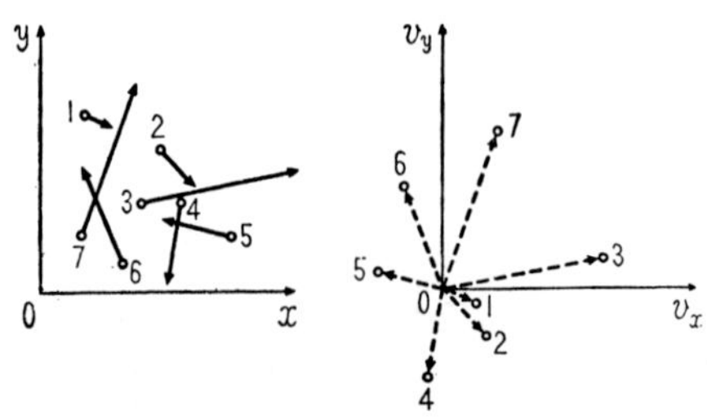

図 2.2. 位置平面と速度平面の対応．

て，$f(v_x, v_y, v_z)$ を求める問題は速度空間における速度点の密度分布を求める問題となるのである．

さて，いよいよ $f(v_x, v_y, v_z)$ を求める問題にとりかかろう．まず最初に速度空間における速度点の分布の有様は，原点0を中心とする球対称をなしているという性質があり，この性質が問題を著しく簡単にしていることを説明する必要がある．なぜ球対称となるかをわかってもらうために，読者はここでちょっとばかり現実の世界，すなわち位置空間に帰ってもらいたい．その中に速度が，たとえば 100 m/sec から 101 m/sec の間にあるような分子が1億個あったとする．このおのおのは勝手な速度の向きをもっており，速度が上向きのものが比較的多いとか，あるいは逆に下向きのものが多いとかいうような速度の向きに関する くせ とでもいうようなものは全くない．もし，あるとすればそれはもはや無秩序運動とは言いえないのであって，我々が分子の運動が全く無秩序であることを認めるかぎりは，その1億個の分子が，どの方向を向く確率も全く等しいと言わざるをえない．そしてその言葉を速度空間の言葉に翻訳すれば“速度点の分布は原点0を中心とする球対称をなす”ということになることは容易に理解できよう．したがって0からの距離 $v\,(v^2=v_x^2+v_y^2+v_z^2)$ が等しい所ではどこでも $f(v_x, v_y, v_z)$ は同じ値を持つわけで，結局 f は v の絶対値のみの関数であるのであるから単に $f(v^2)$ と書いてよい．

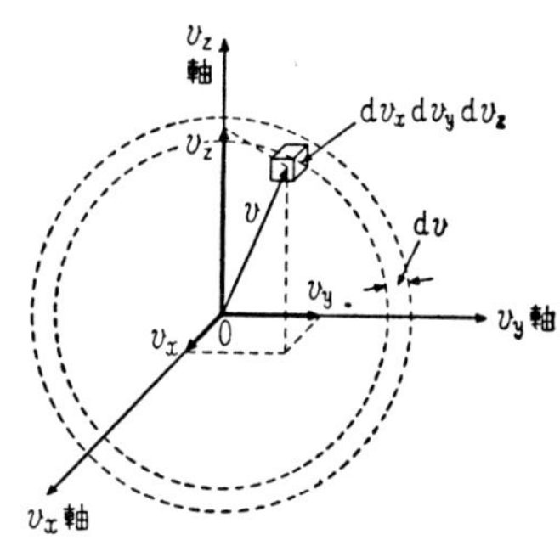

図 2.3. 速度空間.

しかし，これだけではまだ $f(v^2)$ を求める手がかりは得られていない．これを求めるにはいくつかの方法があるが，ここでは統計力学（詳しくは古典統計力学）の計算結果を用いて行なってみる．古典統計力学によると，<u>ϵ を気体分子のエネルギーとすると，気体を構成する多くの分子のおのおのが ϵ なるエネルギーを持つある1つの状態（それは ϵ を定めるすべての変数のある1組によって決定する）にある確率は，$\exp(-\epsilon/kT)$ に比例する．</u>この法則は**マクスウェル・ボルツマンの分布則**といわれる．その証明は本講座の，**統計力学**

のところに詳しく解かれているので，そちらにゆずり，ここでは単に，この結果はエネルギーが低いほど分子がその状態にある確率が大きいということを表わし，エネルギー最低の状態が最も安定であるという我々の常識と一致した傾向をもっていることを記するにとどめることとする．

この結果を用いると，$f(v^2)$ は次のように簡単に計算することができる．分子のエネルギーは一般的には，運動のエネルギーと位置のエネルギーと内部エネルギーの和である．しかしこのうち，内部エネルギーは前にも述べたように当面の問題では一定とみることができるので考える必要はなく，また位置のエネルギーも分子の場合は重力によるものだけを考えればよいから，現在考えているわずか 1 cm^3 の空間内ではその変化はほとんどなく，一定とみてよい．したがって変化するのは運動のエネルギーだけとなるから，それだけを考えればよく，$\epsilon=\frac{1}{2}m_m v^2$ とおくことができるわけで，これを用いて上記のマクスウェル・ボルツマンの分布則を書きなおすと，現在問題にしているような速度範囲に分子の速度がはいる確率は $\exp(-m_m v^2/2kT)$ に比例するということとなる．そしてこのことを**図 2.3** に示す速度空間において表現すると，図示の微小体積 $dv_x \cdot dv_y \cdot dv_z$ の中に速度点がはいる確率は $\exp(-m_m v^2/2kT)$ に比例するということになる．また，この確率は $dv_x \cdot dv_y \cdot dv_z$ の大きさにも比例するから

$$dn(v_x, v_y, v_z) \propto e^{-\frac{m_m v^2}{2kT}} dv_x \cdot dv_y \cdot dv_z \tag{2.4}$$

あるいは比例定数を C として

$$dn(v_x, v_y, v_z) = Ce^{-\frac{m_m v^2}{2kT}} dv_x \cdot dv_y \cdot dv_z \tag{2.5}$$

したがって式 (2.3) と式 (2.5) から

$$f(v^2) = Ce^{-\frac{m_m v^2}{2kT}} \tag{2.6}$$

となる．C の決定はどうすればよいかというと，それは式 (2.5) が当然満足しなければならない条件をさがし，それが満足されるように定めればよい．この場合，その条件とは $dn\ (v_x, v_y, v_z)$ を全速度空間で積分したものは，速度点の全数 n にならなければならないという条件である．すなわち

$$n=C\iiint e^{-\frac{m_m v^2}{2kT}}dv_x\cdot dv_y\cdot dv_z \tag{2.6.1}$$

この計算は次のようにして行なう．$v^2=v_x{}^2+v_y{}^2+v_z{}^2$ を用いて書きなおすと

$$n=C\left(\int_{-\infty}^{+\infty}e^{-\frac{m_m v_x{}^2}{2kT}}dv_x\right)\left(\int_{-\infty}^{+\infty}e^{-\frac{m_m v_y{}^2}{2kT}}dv_y\right)\left(\int_{-\infty}^{+\infty}e^{-\frac{m_m v_z{}^2}{2kT}}dv_z\right)$$

$$=C\left(\int_{-\infty}^{+\infty}e^{-\frac{m_m v_x{}^2}{2kT}}dv_x\right)^3$$

括弧の中の計算は付録2の公式（A 2.1）により $(2\pi kT/m_m)^{1/2}$ となるから

$$C=n\left(\frac{m_m}{2\pi kT}\right)^{3/2} \tag{2.7}$$

を得ることができ，結局 $f(v^2)$ は式（2.6）と式（2.7）から

$$f(v^2)=n\left(\frac{m_m}{2\pi kT}\right)^{3/2}e^{-\frac{m_m v^2}{2kT}} \tag{2.8}$$

これを式（2.3）に代入して

$$dn(v_x,v_y,v_z)=n\left(\frac{m_m}{2\pi kT}\right)^{3/2}e^{-\frac{m_m v^2}{2kT}}dv_x\cdot dv_y\cdot dv_z \tag{2.9}$$

となる．式（2.8）はガウス分布，正規分布，誤差分布等の名でおなじみの関数形である．かくして $f(v^2)$ は，あっけなく求まったのであるが，以上の説明は最も重要な点を証明ぬきでとばしてしまったので，大方の読者の満足を得られないことと思う．そこで，それらの方々のために次節に統計力学の力を借りないで計算する方法を示しておいた．

次に式（2.9）を書きなおして

$$\frac{dn(v_x,v_y,v_z)}{n}=\left\{\left(\frac{m_m}{2\pi kT}\right)^{1/2}e^{-\frac{m_m v_x{}^2}{2kT}}dv_x\right\}\left\{\left(\frac{m_m}{2\pi kT}\right)^{1/2}e^{-\frac{m_m v_y{}^2}{2kT}}dv_y\right\}$$
$$\left\{\left(\frac{m_m}{2\pi kT}\right)^{1/2}e^{-\frac{m_m v_z{}^2}{2kT}}dv_z\right\} \tag{2.10}$$

式（2.10）の左辺は，$dn(v_x,v_y,v_z)$ の定義によって，ある分子の速度の x,y,z 成分がそれぞれちょうど $(v_x\to v_x+dv_x)$，$(v_y\to v_y+dv_y)$，$(v_z\to v_z+dv_z)$ にはいるという条件が同時に満たされる確率であり，これは確率の定理によって，

速度の x 成分が $(v_x \to v_x+dv_x)$ の間にはいる確率（この場合，v_y, v_z はどうでもよい）と y 成分が $(v_y \to v_y+dv_y)$ の間にはいる確率（この場合，v_z, v_x はどうでもよい）と z 成分が $(v_z \to v_z+dv_z)$ の間にはいる確率（この場合，v_x, v_y はどうでもよい）の積になる．ところで式 (2.10) の右辺は v_x だけの関数と，v_y だけの関数と，v_z だけの関数の積となっており，しかも，そのおのおのが全く同じ関数形をしているから，これらは上記の3つの確率に対応していることがわかる．すなわち，n 個の分子のうち，速度の x 成分が v_x と v_x+dv_x の間にはいるものの数を $dn(v_x)$ とすると

$$dn(v_x)=n\left(\frac{m_m}{2\pi kT}\right)^{1/2} e^{-\frac{m_m v_x^2}{2kT}} dv_x \tag{2.11}$$

となるのである．$dn(v_x)$ にならって $dn(v_y)$ および $dn(v_z)$ を定義するならば，これらについても全く同じ形の式を書くことができる．すなわち

$$dn(v_y)=n\left(\frac{m_m}{2\pi kT}\right)^{1/2} e^{-\frac{m_m v_y^2}{2kT}} dv_y, \quad dn(v_z)=n\left(\frac{m_m}{2\pi kT}\right)^{1/2} e^{-\frac{m_m v_z^2}{2kT}} dv_z \tag{2.12}$$

次に速度の大きさだけに着目し，n 個の分子のうち，速度の絶対値が v と $v+dv$ の間にはいるものの数 $dn(v)$ を求めてみよう．これを**図 2.3** の速度空間で考えてみると，それは，原点を中心とする半径 v，厚さ dv なる球殻の中にはいる速度点の数に等しい．そして $f(v^2)$ はこの球殻内では当然一定であるから，$dn(v)$ は $f(v^2)$ とこの球殻の体積 $4\pi v^2 dv$ の積となり

$$dn(v)=4\pi n\left(\frac{m_m}{2\pi kT}\right)^{3/2} v^2 e^{-\frac{m_m v^2}{2kT}} dv \tag{2.13}$$

式 (2.3) にならって

$$dn(v)=F(v)dv \tag{2.14}$$

とおくと

$$F(v)=4\pi n\left(\frac{m_m}{2\pi kT}\right)^{3/2} v^2 e^{-\frac{m_m v^2}{2kT}} \tag{2.15}$$

となる．式 (2.9)，(2.11)，(2.12) および (2.13) をマクスウェルの速度分布の式という．しかし，これらは上述のようにその中の1つがわかれば，他は

容易に誘導できる性質のものであるので，普通マクスウェルの速度分布といえば，単に式 (2.13) をさすことが多い．

単に式を書きおろしただけではその内容がよくわからないから，次にその物理的な意義や利用法について説明しよう．速度の絶対値だけを問題とした式 (2.13) と，ある方向の速度成分だけを取り扱った式 (2.11) とについて説明する．まず，これらの式をグラフに書いて，その形を比較してみるが，それにはまず，何を未知数にとるかを決めなければならない．常識的には当然 v と v_x であるが，その外に m_m および T なるパラメータが変化し得る量であるので，それらが変わるごとに，すなわち取り扱う気体やその温度が変わるごとにカーブを引きなおさなければならず，手数のかかることおびただしい．このような場合にとられる常套手段は，変数とパラメータを巧みにまとめて，新しい変数を導き，パラメータのない関数として表示することである．すなわち式 (2.11) は

$$\frac{dn(v_x)}{n}=\frac{1}{\sqrt{\pi}}e^{-\left\{\left(\frac{m_m}{2kT}\right)^{1/2}v_x\right\}^2}d\left\{\left(\frac{m_m}{2kT}\right)^{1/2}v_x\right\} \tag{2.16}$$

式 (2.13) は

$$\frac{dn(v)}{n}=\frac{4}{\sqrt{\pi}}\left\{\left(\frac{m_m}{2kT}\right)^{1/2}v\right\}^2 e^{-\left\{\left(\frac{m_m}{2kT}\right)^{1/2}v\right\}^2}d\left\{\left(\frac{m_m}{2kT}\right)^{1/2}v\right\} \tag{2.17}$$

と書きなおせるから，式 (2.16) においては $(m_m/2kT)^{1/2}v_x=x$ とおくことにより

$$\frac{dn(v_x)}{n}=\frac{1}{\sqrt{\pi}}e^{-x^2}dx\equiv f_1(x)dx \tag{2.18}$$

式 (2.17) においては $(m_m/2kT)^{1/2}v=x$ とおくことにより

$$\frac{dn(v)}{n}=\frac{4}{\sqrt{\pi}}x^2e^{-x^2}dx\equiv F_1(x)dx \tag{2.19}$$

となり，いずれも右辺は全く x なるディメンションのない数だけで定まる関数となる．かくして得られた $f_1(x)$ と $F_1(x)$ を比較してみると**図 2.4** のようになる．$f_1(x)$ は標準偏差を $1/\sqrt{2}$ とした正規分布であり，x の変域は $-\infty$ から $+\infty$ までである．これに対し，$F_1(x)$ は $x=1$ において最高値をと

り，v が速度の絶対値であるために x は，正の値しかとれない．式 (2.6.1) によって C を決定したことの当然の結果として $f_1(x)$ や $F_1(x)$ と x 軸の間の面積はちょうど1になっている．$(2kT/m_m)^{1/2}$ は x を1ならしめ，したがって $F_1(x)$を最大ならしめる速度，すなわち，最も存在確率の大きい速度である．これを v_p とすると，その値は式 (2.2) との比較により

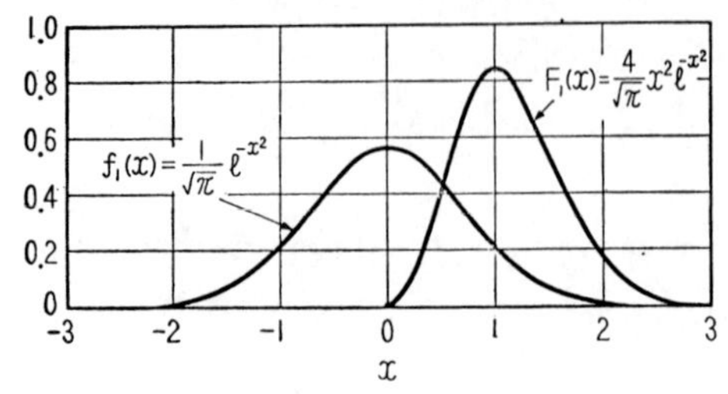

図 2.4. マクスウェルの速度分布．$f_1(x)$ に対し $x=(m_m/2kT)^{1/2}v_x$，$F_1(x)$ に対し $x=(m_m/2kT)^{1/2}v$.

$$v_p=\sqrt{\frac{2}{3}}v_T \tag{2.20}$$

次にこれらの式を用いて速度に関するいろいろな量の計算を行なってみる．まず全分子の速さの算術平均$\langle v \rangle$を求めてみよう．$dn(v)$ 個の分子の速度を全部加えたものは，$vdn(v)$ であるから，それを v の全変域について積分したものは，全分子の v を全部加えたものとなり，それを全分子数 n で割ったものが$\langle v \rangle$であるから

$$\langle v \rangle=\frac{1}{n}\int_0^\infty v\,F(v)\,dv=4\pi\left(\frac{m_m}{2\pi kT}\right)^{3/2}\int_0^\infty v^3 e^{-\frac{m_m v^2}{2kT}}dv$$

この計算は付録2の公式 (A 2.5) によって容易に計算できて

$$\langle v \rangle=(8kT/\pi m_m)^{1/2} \tag{2.21}$$

$\langle v^2 \rangle$ も全く同様にして計算することができる．

$$\langle v^2 \rangle=\frac{1}{n}\int_0^\infty v^2 F(v)\,dv=4\pi\left(\frac{m_m}{2\pi kT}\right)^{3/2}\int_0^\infty v^4 e^{-\frac{m_m v^2}{2kT}}dv$$

これは公式 (A 2.3) によって計算できて

$$\langle v^2 \rangle^{1/2}=v_T=\left(\frac{3kT}{m_m}\right)^{1/2} \tag{2.22}$$

この結果は，式 (2.2) と一致しており，上記の計算が正しいことを示している．v_p, $\langle v \rangle$, v_T はマクスウェルの速度分布に関する重要な値であり，今後もしばしば現われるものである．これらを大きさの順にならべると，$v_p<\langle v \rangle$

$<v_T$ であり

$$\left.\begin{aligned}\langle v\rangle&=\left(\frac{2}{\sqrt{\pi}}\right)v_p\\ v_T&=\sqrt{1.5}\ v_p=(3\pi/8)^{1/2}\langle v\rangle\end{aligned}\right\}\tag{2.23}$$

となっている．一般に，v のある関数 $g(v)$ の平均 $\langle g(v)\rangle$ は

$$\langle g(v)\rangle=\frac{1}{n}\int_0^\infty g(v)F(v)dv\tag{2.24}$$

によって計算できる．これによって $\langle v^s\rangle$ を計算すると

$$\langle v^s\rangle=v_p{}^s\cdot\frac{2}{\sqrt{\pi}}\cdot\left(\frac{s+1}{2}\right)!\tag{2.25}$$

となるのである．ただし，$(x+1)!=(x+1)x!$, $(1/2)!=\sqrt{\pi}/2$ である．

次に式 (2.11) を用いて，v_x がある限界値 v_{x0} より大きい分子の数 n $(v_x>v_{x0})$ を計算してみると，$dn(v_x)$ の定義から直ちに

$$n(v_x>v_{x0})=\int_{v_{x0}}^\infty dn\ (v_x)=\frac{n}{\sqrt{\pi}}\int_{x0}^\infty e^{-x^2}dx=\frac{n}{2}[1-\Phi(x_0)]\tag{2.26}$$

$$\Phi(x)=\frac{2}{\sqrt{\pi}}\int_0^x e^{-t^2}dt$$

ここで $x_0=v_{x0}/v_p$，すなわち v_{x0} が v_p の何倍になっているかを示す量であり，また，$\Phi(x)$ は誤差関数と呼ばれるもので，その数値は一般の数値表によって容易に求めることができる．

次に位置空間に定められた単位面積の平面を単位時間内に通過する分子の数を計算してみよう．今この面を図 2.5 のように x 軸に垂直にとると，分子は矢印で示すように勝手な向きをとって，この面を x の増加する方向，および x の減少する方向に無秩序的に通過するであろう．このうち x の増加する方向に通過する分子だけに着目し，単位時間中のその総数 $\Gamma(\rightarrow)$ を計算するには，次のようにやればよろしい．まず大体の値をさぐってみる．いま n 個の分子が全部等しい速度 $\langle v\rangle$ を持っていると仮定する．もしその向きが全部 x 軸に平行であるならば，そのうちの半数が x の増加する方向を向き，残り

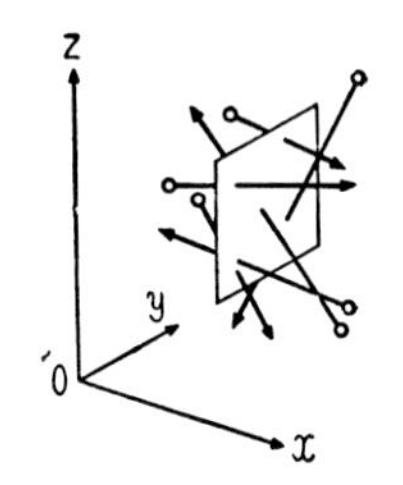

図 2.5. 熱運動によって面を通過する分子．

の半数が x の減少する方向を向いているのであろうから

$$\Gamma(\rightarrow)=\left(\frac{n}{2}\right)\langle v\rangle \tag{2.27}$$

となるであろう．またもし，その向きが全部この面に平行であるならば

$$\Gamma(\rightarrow)=0 \tag{2.28}$$

となるであろう．ところで実際の分子の速度の向きは，そのいずれでもなく，だいたいにおいてこの面を斜めに通過するから，$\Gamma(\rightarrow)$ の値も両方の中間ぐらいの値となると考えられ

$$\Gamma(\rightarrow)=\left(\frac{n}{4}\right)\langle v\rangle \tag{2.29}$$

ぐらいになるだろうと予想できる．さて正確な計算結果はこの値とどのくらい違うであろうか．上に書いたことからもわかるように，v_x, v_y, v_z のうち $\Gamma(\rightarrow)$ に寄与するものは，x 軸に平行な成分，すなわち v_x だけであるから，v_x に関する速度分布の式だけを考慮の対象とすればよい． さて $dn(v_x)$ 個の分子が v_x（正確には v_x と v_x+dv_x の間）なる x 方向速度成分を持っているから，$\Gamma(\rightarrow)$ のうち $dn(v_x)$ によるものは式 (2.27) にならって，$d\Gamma(\rightarrow)=v_xd_n(v_x)$ となる．したがってこれを x の増加する方向の v_x，すなわち正の v_x のあらゆる値について積分すれば $\Gamma(\rightarrow)$ が得られる．すなわち式 (2.11) により

$$\Gamma(\rightarrow)=\int_0^\infty v_x\,dn(v_x)=n\left(\frac{m_m}{2\pi kT}\right)^{1/2}\int_0^\infty v_x e^{-\frac{m_m\cdot x^2}{2kT}}dv_x \tag{2.30}$$

これは付録2の公式 (A 2.4) によって計算できる．またその結果は式 (2.21) を用いて

$$\Gamma(\rightarrow)=n\left(\frac{kT}{2\pi m_m}\right)^{1/2}=\frac{1}{4}n\langle v\rangle \tag{2.31}$$

このように正確な計算結果も式(2.29)なる推定値と全く同じになったことはおもしろいではないか．ただし，この一致は偶然であると言わなければならない．

同じ面を単位時間中に今まで考えた方向と逆の方向，すなわち x の減少する方向に通過する分子の数 $\Gamma(\leftarrow)$ も全く同様に計算できて式 (2.31) と同じ値となる．したがって正味の通過量 Γ は $\Gamma(\rightarrow)$ と $\Gamma(\leftarrow)$ の差，すなわち 0 となる．これは問題の気体が平衡状態にある以上，当然の話である．

話がやや抽象的になってきたから，もっと具体的な問題にもどすために金属表面からの電子放出の問題に上記の計算を応用してみよう．金属の内部には多くの自由電子があり，気体中における気体分子と同様に無秩序運動をやりながら自由にとび回っていると考えられている．したがってこの電子の集団は自由電子によって構成される一種の気体とみなすことができるから，**電子ガス** (electron gas) と呼ばれる．その密度，すなわち電子密度 n_e は，タングステン (W) の場合 $6.3\times10^{22}/\mathrm{cm}^3$ で気体の分子密度に比べてはるかに大きい．

この W が真空中におかれると，ご承知のようにその境界には **図 2.6** に示すような**仕事関数** (work function) と呼ばれる電位の障壁があって，電子が真空中に飛び出るのを阻止している．いま仕事関数を φ ボルトとすると真空中の電位は，W の電位より φ だけ低いわけであるが，この電位差は電子が飛び出るのをじゃまする働きをするので，その感じを出すために図のように電子エネルギーを上向きに，すなわち電位は下向きにとるのが習慣である．ここでちょっと注意しておくが，放電空間の電位分布を画くときは普通の場合と同じように，電位を上向きにとるから，両者を同じ図面に画く必要のあるときは，電位の向きをどちらかに統一しなければならないことを忘れないようにしてもらいたい．

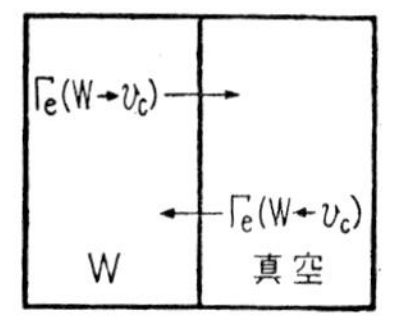

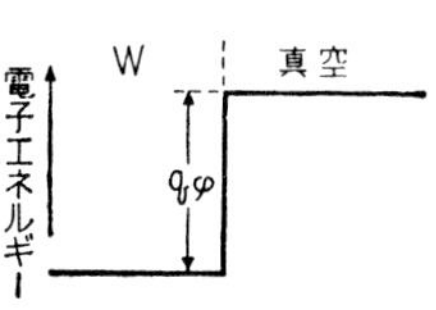

図 2.6. 金属と真空との接触．

さて仕事関数の詳細については本講座の**電子放出**のところにゆずり，ここではその存在をそのまま認めて先に進む．まず，W 中の自由電子のうち，この電位の障壁に打ち勝って真空中に飛び出せるほどの勢のよい電子はどのぐらいあるかを考えてみよう．それには W の表面に垂直な方向を x 軸の方向にとって，$\frac{1}{2}m_e v_{ex}^2$ (m_e, v_{ex} はそれぞれ電子の質量および速度の x 成分) が $|q\varphi|$ より大きい電子，いいかえれば $v_{ex}>(2|q\psi|/m_e)^{1/2}$ なる電子がどのぐらいあるかを計算すればよい．それを行なうためには電子の速度分布がどのようになっているかを知る必要がある．この問題を解くためにはまず，電子の統計的な性質を知らなければならないが，今まで説明してきた知識の範囲で考えるな

らば，それはやはり気体分子の場合と同じように取扱えると考えるのが無理のないところであるから，ここでは金属内の自由電子ガスにおいてもマクスウェルの速度分布が成立していると考えよう．そうすると当面の計算は式 (2.26) と全く同じである．今その数値計算をやってみると，v_p は電子ガスの場合は $(2kT/m_e)^{1/2}$ であるから

$$x_0=\left(\frac{2|q\psi|}{m_e}\cdot\frac{m_e}{2kT}\right)^{1/2}=\left(\frac{|q\psi|}{kT}\right)^{1/2}=\left(11,600\,\frac{\psi(\mathrm{V})}{T(^\circ\mathrm{K})}\right)^{1/2}$$

タングステンの場合，$\psi=5.7\,\mathrm{V}$ であるから

$x_0=14.9$　〔$T=300\,^\circ\mathrm{K}$（常温）に対し〕

$x_0=5.4$　〔$T=2300\,^\circ\mathrm{K}$ に対し〕

したがって誤差関数の数値表によって

$$\left.\begin{aligned} n_e\left(v_x>\sqrt{\frac{2|q\psi|}{m_e}}\right)&=n_e\times1.9\times10^{-98}/\mathrm{cm}^3\ \ (T=300\,^\circ\mathrm{K})\\ &=n_e\times1.8\times10^{-14}/\mathrm{cm}^3\ \ (T=2300\,^\circ\mathrm{K})\end{aligned}\right\}\tag{2.32}$$

W の場合は $n_e=6.3\times10^{22}/\mathrm{cm}^3$ であったから，この値は $T=300\,^\circ\mathrm{K}$ に対しては $1.2\times10^{-75}/\mathrm{cm}^3$ すなわち $10^{75}\mathrm{cm}^3$ の W のうちにやっと1個という値であるが，$T=2300\,^\circ\mathrm{K}$ に対しては約 $1.1\times10^9/\mathrm{cm}^3$ とかなりの値となる．ところで実際は金属内の電子の速度分布はマクスウェルの速度分布とは異なった形をとるので，上記の計算結果の数値そのものはあまり意味がないが，この結果から温度上昇の効果がいかに大きいかということを理解することはできる．

次に，この勢のいい電子によってどれだけの電子放出が行なわれるかを考えてみよう．それには金属内の電子のうち，仕事関数に打ち勝って金属表面の突破に成功して真空中にとび出る電子の毎秒あたりの数を計算すればよい．読者は容易にその計算は式 (2.30) の積分の下限を $(2|q\psi|/m_e)^{1/2}$ にしたものになることを理解されるであろう．すなわち金属表面単位面積，単位時間あたりの電子放射数を $\Gamma_e(\mathrm{M}\to v_c)$ とすると

$$\begin{aligned}\Gamma_e(\mathrm{M}\to v_c)&=n_e(\mathrm{W})\left(\frac{m_e}{2\pi kT}\right)^{1/2}\int_{\sqrt{\frac{2|q\varphi|}{m_e}}}^{\infty}v_{ex}\,e^{-\frac{m_e v_{ex}^2}{2kT}}dv_{ex}\\ &=n_e(\mathrm{W})\left(\frac{kT}{2\pi m_e}\right)^{1/2}e^{-\frac{|q\varphi|}{kT}}\end{aligned}\tag{2.33}$$

となる．ここで $n_e(\mathrm{W})$ はタングステン内部の自由電子密度で，この式が歴史的に有名なリチャードソン（Richardson）の熱電子放出の式である．**図 2.6** のように単に W と真空が接しているだけで真空中に電子を集める電極のない場合は真空中に飛び出した電子は，真空中にたまって電子ガスを形成する．その密度を $n_e(v_c)$ としよう．この電子のうち，熱運動の結果金属表面に到達した電子はこれを通過して再び金属内にもどるであろう．その電子の流れの量，すなわち逆向きの電子流 $\Gamma_e(\mathrm{M}\leftarrow v_c)$ を計算してみよう．

その計算はやはり式（2.33）の計算と同じ計算をやるのであるが，この場合積分の下限をどうとるかが問題である．電子が真空から金属内へはいるときは，仕事関数は何らの妨害を与えないだけでなく，表面通過の場合，電子を加速する働きを行なう．しかしこの電位差は境界面だけに存在し，遠方の電子を積極的に集めてくるような働きを行なわないから，単に金属表面に熱運動によって到達した電子は，全部金属内部にはいるとして計算すればよろしい．すなわち積分の下限は 0 となる．したがって

$$\Gamma_e(\mathrm{M}\leftarrow v_c)=n_e(v_c)\left(\frac{m_e}{2\pi kT}\right)^{1/2}\int_0^\infty v_{ex}\,e^{-\frac{m_e v_{ex}^2}{2kT}}\,dv_{ex}=n_e(v_c)\left(\frac{kT}{2\pi m_e}\right)^{1/2} \tag{2.34}$$

そして $\Gamma_e(\mathrm{M}\rightarrow v_c)=\Gamma_e(\mathrm{M}\leftarrow v_c)$，すなわち電子の出入が全くバランスした状態で平衡状態に達するのである．この状態における $n_e(v_c)$ は式（2.33）と，式（2.34）から

$$\frac{n_e(v_c)}{n_e(\mathrm{W})}=e^{-\frac{|q\varphi|}{kT}} \tag{2.35}$$

真空中に陽極を入れ，これに W に対して正の電位を与えると，とび出した電子は全部陽極に引き付けられて陽極回路に電流が流れる．したがってこの場合は飛び出した電子が再び金属内部にもどることはなく，$\Gamma_e(\mathrm{W}\leftarrow v_c)=0$ で，$\Gamma_e(\mathrm{W}\rightarrow v_c)$ が正味の熱電子放出電子流になるのである．ここで念のためにちょっと注意しておくが，この場合は電子の流れは全く一方的であるから，平衡状態ではないのであって，厳密に言えば平衡状態という仮定にもとづくマクスウェルの速度分布の式は，この場合成り立たないのである．しかし式（2.32）

の数値からもわかるように，電子放出に寄与する電子の数は全体からみれば，きわめて少数であるので大勢に影響はないのであって，平衡状態がくずれているといっても W 内の自由電子の立場に立ってみれば，そのくずれ方の程度は実際上問題にならない程度であり，式 (2.33) を書きかえる必要はないのである．以上で熱電子放出の例題を終りにする．ここで再びことわっておくが，金属内の自由電子はフェルミの統計に従うものであるから上記の計算は正確ではない．しかしフェルミの統計を用いる場合でも，その点を除けば問題の考え方は全く同じであるから，考え方の練習という点からみれば十分意義があると思うのである．

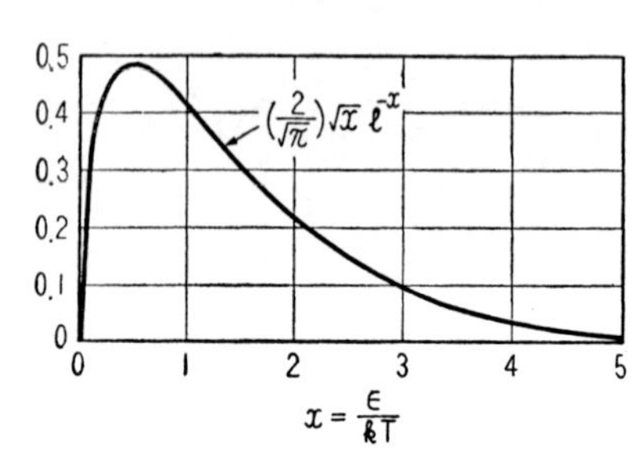

図 2.7. エネルギーを変数としたマクスウェル分布．

マクスウェルの速度分布の式は，ある場合には速度を変数としないで運動のエネルギーを変数として表示される．その場合には式 (2.13) はどのように変わるかというと，運動のエネルギーを ϵ とし，それが ϵ と $\epsilon+d\epsilon$ の間であるような分子の数を $dn(\epsilon)$ とすると，式 (2.13) に対し $\epsilon=(1/2)m_m v^2$ による変数変換を行なって

$$dn(\epsilon)=\frac{2}{\sqrt{\pi}}\cdot\frac{n}{(kT)^{3/2}}\sqrt{\epsilon}\,e^{-\frac{\epsilon}{kT}}\,d\epsilon \tag{2.35.1}$$

または $x=\epsilon/kT$ とおくと

$$dn(\epsilon)=\frac{2}{\sqrt{\pi}}n\sqrt{x}\,e^{-x}\,dx \tag{2.35.2}$$

と書くことができる．**図 2.7** は $(2/\sqrt{\pi})\sqrt{x}\,e^{-x}$ の形を示す．

2. 2. マクスウェルの速度分布を求めるもう1つの方法

* 前節では古典統計力学におけるマクスウェル・ボルツマンの分布則を説明ぬきで認め，それを用いてマクスウェルの速度分布を示した．したがって読者をして納得させることができなかったことと思うので，今度はマクスウェルの速

度分布を直接導き出す方法を示しておこう．先を急ぐ人はこの章はとばして読んでもさしつかえない．

前節と同じに平衡状態にある気体 1 cm³ の中に n 個の気体分子があり，そのうちで速度の x 成分が v_x と v_x+dv_x の間にはいっている分子の数を $dn(v_x)$ とすると，$dn(v_x)/n$ は任意の分子の速度の x 成分が v_x と v_x+dv_x の間にはいる確率である．これは幅 dv_x に比例し，またその比例係数は v_y, v_z には関係せず，v_x だけの関数であると考えられるから，それを $g(v_x)$ とおく．次に前節で説明したように速度分布に方向性がないことから $g(v_x)=g(-v_x)$，すなわち g は偶関数であるべきだから $g(v_x^2)$ とおこう．したがって

$$dn(v_x)/n=g(v_x^2)dv_x \tag{2.36}$$

同様な式を v_y, v_z についても書くと

$$\frac{dn(v_y)}{n}=g(v_y^2)dv_y \tag{2.37}$$

$$\frac{dn(v_z)}{n}=g(v_z^2)dv_z \tag{2.38}$$

ここで比例係数がみな同じ形になるのは，やはり速度分布に方向性がないためである．次に式 (2.10) に現われている確率 $dn(v_x, v_y, v_z)/n$ は確率の定理により上記の3つの確率の積であるから

$$dn(v_x, v_y, v_z)/n=g(v_x^2)\cdot g(v_y^2)\cdot g(v_z^2)\cdot dv_x\cdot dv_y\cdot dv_z \tag{2.39}$$

また式 (2.3) の $f(v_x, v_y, v_z)$ は $f(v^2)$ とおいてもよいものであったから

$$dn(v_x, v_y, v_z)/n=f_0(v^2)dv_x\cdot dv_y\cdot dv_z \tag{2.40}$$

とおいてもよい．ここで $nf_0(v^2)=f(v^2)$ である．

式 (2.39) と式 (2.40) から次式が成立する．

$$g(v_x^2)\cdot g(v_y^2)\cdot g(v_z^2)=f_0(v^2) \tag{2.41}$$

また

$$v_x^2+v_y^2+v_z^2=v^2 \tag{2.42}$$

が当然成立している．式 (2.41) をみると $g(v_x^2)$ と $g(v_y^2)$ と $g(v_z^2)$ を掛け合わしたものは，ちょうど3つの変数の和の関数になっている．これは指数関数の性質であるから，我々は直観的に g が指数関数であることを知ることができるのである．直観的でなく計算によって g を求めるには次のようにす

ればよい．v^2 を一定として式 (2.41) および式 (2.42) の両辺の微分をとると

$$\frac{f_0(v^2)}{g(v_x{}^2)}g'(v_x{}^2)\,2\,v_x\,dv_x+\frac{f_0(v^2)}{g(v_y{}^2)}g'(v_y{}^2)\,2\,v_y\,dv_y+\frac{f_0(v^2)}{g(v_z{}^2)}g'(v_z{}^2)2\,v_z{}^2\,dv_z=0 \tag{2.43}$$

$$2\,v_x\,dv_x+2\,v_y\,dv_y+2\,v_z\,dv_z=0 \tag{2.44}$$

式 (2.44) に未定係数 β(β は v_x, v_y, v_z をふくまない) をかけて式 (2.43) と加えて

$$\left(\frac{g'(v_x{}^2)}{g\ (v_x{}^2)}+\beta\right)v_x\,dv_x+\left(\frac{g'(v_y{}^2)}{g\ (v_y{}^2)}+\beta\right)v_y\,dv_y+\left(\frac{g'(v_z{}^2)}{g\ (v_z{}^2)}+\beta\right)v_z\,dv_z=0 \tag{2.45}$$

ここで dv_x, dv_y, dv_z はお互いに無関係な量だから，この式が成立するためには各項が 0 にならなければならない．したがって

$$\frac{g'(v_x{}^2)}{g\ (v_x{}^2)}+\beta=0,\quad \frac{g'(v_y{}^2)}{g\ (v_y{}^2)}+\beta=0,\quad \frac{g'(v_z{}^2)}{g\ (v_z{}^2)}+\beta=0 \tag{2.46}$$

これらを解いて

$$g(v_x{}^2)=Be^{-\beta v_x{}^2},\ \ g(v_y{}^2)=Be^{-\beta v_y{}^2},\ \ g(v_z{}^2)=Be^{-\beta v_z{}^2} \tag{2.47}$$

B は積分定数である．

次は B, β の決定であるが，それには g が物理的な量であるために満たさなければならない 2 つの条件をみつけてくればよい．まず式 (2.36) の左辺の積分は当然 1 にならなければならないから

$$\int_{-\infty}^{+\infty}Be^{-\beta v_x{}^2}\,dv_x=1 \tag{2.48}$$

まず，この式が成り立つためには $\beta>0$ でなければならないことがわかる．何となれば β が負であると積分が発散するからである．そうなると付録の公式 (A 2.1) で積分できて $B=(\beta/\pi)^{1/2}$ となり

$$g(v_x{}^2)=(\beta/\pi)^{1/2}\,e^{-\beta v_x{}^2} \tag{2.49}$$

次に式 (2.1) が満たされなければならないことから β を決定することができる．

$$\langle v_x{}^2\rangle=\langle v_y{}^2\rangle=\langle v_z{}^2\rangle=(1/3)\langle v^2\rangle \tag{2.50}$$

を用いると式 (2.1) は

$$\frac{1}{2}m_m\langle v_x^2\rangle=\frac{1}{2}kT \quad \text{あるいは} \quad \langle v_x^2\rangle=\frac{kT}{m_m} \tag{2.51}$$

そこで式 (2.36) および式 (2.49) を用いて $\langle v_x^2\rangle$ を計算してみると

$$\langle v_x^2\rangle=\left(\frac{\beta}{\pi}\right)^{1/2}\int_{-\infty}^{+\infty} v_x^2\, e^{-\beta v_x^2}\, dv_x=\frac{1}{2\beta} \tag{2.52}$$

よって式 (2.51), (2.52) から $\beta=m_m/2kT$ となり，結局

$$g(v_x^2)=\left(\frac{m_m}{2\pi kT}\right)^{1/2} e^{-\frac{m_m v_x^2}{2kT}} \tag{2.53}$$

**となって，これを式 (2.36) に代入すれば，式 (2.11) と一致するのである．

2.3. 密 度 分 布

すべて重いものは下に落ちる．コップに水を注ぐと水はコップの下部にたまり， 上にはいわゆる水平面ができて液体である水と気体である空気との間には，はっきりした境界面ができる．これに反し，非常に大きい真空の容器を持ってきて，これに気体をそそいだとすると，確かに気体は容器の底の方にたまるであろうが，気体と真空との境界ははっきり定まらず，上にゆくにつれて気体の密度が低下して，ついに真空になるという漸進的経過をとるであろう．これは気体が膨脹，収縮が自在であるためである．地球をとりまく空気の場合がこれに当たる．この2つの場合を比較して，後者の場合は前者の場合の“液体の深さ”に相当するものは定めることはできないが，その代わり高さと密度との関係，つまり位置のエネルギーが高くなってゆくにつれて，気体密度がだんだん低くなってゆく有様を表現する式が定められそうに考えられる．次にこの関係式を導いてみよう．

3.1 節に証明ぬきで述べたマクスウェル•ボルツマンの分布則によると，気体が平衡状態にある場合，任意の気体分子がある状態にある確率は，その状態における気体分子のエネルギーを ϵ とすると $\exp(-\epsilon/kT)$ に比例するというのであった．いま，理想気体の場合についてこの法則をわかりやすく説明してみよう．理想気体の分子の状態はその位置を決める3つの変数 (x, y, z) と

その速度を決める3つの変数 (v_x, v_y, v_z) で決定する．この理想気体の任意の分子が座標 (x, y, z) なる点における微小体積 $dx \cdot dy \cdot dz$ のうちにある確率を $p_r(x, y, z)$ とし，次にその分子がたまたまちょうどその位置に来た場合，その速度の x, y, z 成分がそれぞれ $v_x \to v_x + dv_x$，$v_y \to v_y + dv_y$，$v_z \to v_z + dv_z$ の間にはいる確率を $p_r(v_x, v_y, v_z)$ とする．そうするとその位置 (x, y, z) とその速度 (v_x, v_y, v_z) で定まる分子のエネルギーを ϵ とすると，マクスウェル・ボルツマンの分布則は

$$p_r(x, y, z) \cdot p_r(v_x, v_y, v_z) \propto e^{-\frac{\epsilon}{kT}} \cdot dx \cdot dy \cdot dz \cdot dv_x \cdot dv_y \cdot dv_z \tag{2.54}$$

であるというのである．位置のエネルギーを $\epsilon(x, y, z)$ とすると

$$\epsilon = \epsilon(x, y, z) + \frac{1}{2} m_m v^2 \tag{2.55}$$

であるから，式 (2.54) の右辺を x, y, z に関するものと v_x, v_y, v_z に関するものとに分けて

$$p_r(x, y, z) \cdot p_r(v_x, v_y, v_z) \propto \left(e^{-\frac{\epsilon(x, y, z)}{kT}} dx \cdot dy \cdot dz\right)\left(e^{-\frac{m_m v^2}{2kT}} dv_x \cdot dv_y \cdot dv_z\right) \tag{2.55・1}$$

ここで $p_r(x, y, z)$ は v_x, v_y, v_z を含まないことは明らかであり，また $p_r(v_x, v_y, v_z)$ は x, y, z を含まない．何となれば $p_r(v_x, v_y, v_z)$ はその点の温度によって定まるものであり，気体が平衡状態にあるときは温度はどこでも一定であるからである．したがって式 (2.55.1) は位置に関する式と速度に関する式の2つに分けられて

$$p_r(x, y, z) \propto e^{-\frac{\epsilon(x, y, z)}{kT}} dx \cdot dy \cdot dz \tag{2.56}$$

$$p_r(v_x, v_y, v_z) \propto e^{-\frac{m_m v^2}{2kT}} dv_x \cdot dv_y \cdot dv_z \tag{2.57}$$

そして式 (2.57) がマクスウェルの速度分布を導いた式であり，式 (2.56) が現在問題としている密度分布を与える式である．すなわち点 (x_1, y_1, z_1) および点 (x_2, y_2, z_2) の分子密度および位置のエネルギーをそれぞれ n_1, n_2 および ϵ_1, ϵ_2 とすると，K を比例定数として

$$n_1=Kn\frac{e^{-\frac{\epsilon_1}{kT}}dx\cdot dy\cdot dz}{dx\cdot dy\cdot dz}=Kne^{-\frac{\epsilon_1}{kT}}$$

同様に

$$n_2=Kne^{-\frac{\epsilon_2}{kT}}$$

あるいは両式から

$$n_2/n_1=e^{-\frac{\epsilon_2-\epsilon_1}{kT}} \tag{2.58}$$

これが求める式である．このようにマクスウェル・ボルツマンの分布則は速度分布と密度分布という2つの重要な分布の式を生む母体というか，あるいは2つの分布の式を1つに統合したものとでも言うべきものである．すなわちこの2つの分布の式は，互に密接な関係をもっているものであって，上記のような説明をとらなくても速度分布の式から密度分布の式を導くこともできる．式(2.35)の計算がすなわちそれである．

次に具体的な例について式(2.58)を説明するために高さと気体の分子密度の関係について考えてみよう．この場合，考えている空間はどこでも温度が一様であるとする．実際は高空にゆくにつれて気温が変わるからこの仮定には無理があるが，式(2.58)を説明する例題に作るために便宜上設けた仮定である．いま，x, y 平面を水平面に，z 軸を高さの方向にとると，空間の任意の点の位置のエネルギーは z だけの関数で $m_m gz$（ここで g は重力による加速度）であるから，地上および高さ z の点における気体分子密度をそれぞれ n_0, n_z とすると式(2.58)により

$$\frac{n_z}{n_0}=e^{-\frac{m_m gz}{kT}} \tag{2.59}$$

したがって分子密度が $1/e$ に減少する高さを Z_{ch} とすると，T を常温(300 °K)として

$$Z_{ch}=kT/m_m g=(1/A_0)\times 2.52\times 10^2 \quad \text{km} \tag{2.60}$$

空気の場合は各成分ガスについてこの関係が成立する．すなわち $N_2(A_0=28)$ に対しては $Z_{ch}=9$ km，$He(A_0=4)$ に対しては $Z_{ch}=63$ km となる．すなわ

ち空中の N_2 の密度は 9 km 昇るごとに $1/e$ に減少するが，He の密度は 63 km 昇らないと $1/e$ に減少しないということになる．したがって空気中の He の含有割合は地上ではご承知のようにはなはだ少ないが，高空に行くと著しくふえてくることが予想されるのである．

以上のように式 (2.58) を地球の重力の影響の下にある普通の気体に応用すると大へんスケールの大きい話になるが，同じ式を電子ガスに応用すると全く事情が異なってくる．すなわち電子ガスの場合は空気の場合と違って，ガスを構成する粒子が電荷を持っているために，重力による位置のエネルギーの外に静電エネルギーを持っているが，一般に後者は前者に比較して著しく大きいので位置のエネルギーとして後者だけをとり，式 (2.58) を電子ガスの場合について書きなおすと

$$\frac{n_{e2}}{n_{e1}} = e^{-\frac{(-q)(V_2-V_1)}{kT}} \tag{2.61}$$

ただし，n_{e1}, n_{e2} および V_1, V_2 はそれぞれ点 (x_1, y_1, z_1) および点 (x_2, y_2, z_2) における電子密度，および電位である．したがって n_e を $1/e$ に減少させるに要する電位差を V_{ch} とすると $V_{ch}=kT/q=[T(°\mathrm{K})/11,600]$ (V) となり，この値は電子ガスの温度を常温とすると約 0.025 V，1 万度としても 1 V 以下であり，電位傾度を 1 V/cm と仮定すると（この値は放電空間に普通に存在する程度の値である）それぞれ 0.25 mm および 1 cm の間の電位差となるのである．この数値を重力による位置のエネルギーの例題の場合と比較して，電子ガスの場合は重力による位置のエネルギーを省略してもよいことが理解できるであろう．以上の説明からもわかるように式 (2.61) は放電空間においては非常に重要な式なのである．

多くのイオンの集合から成るイオンガスの場合も同様なことが言える．今イオンがすべて $+q$ なる電荷をもつ正イオンの場合は，式 (2.61) に相当する式はイオンの密度を n_i として

$$n_{i2}/n_{i1} = e^{-\frac{q(V_2-V_1)}{kT}} \tag{2.62}$$

となる．この式はイオンの質量には無関係で，その電荷だけに関係している．

もしイオンが Zq（Z は整数）なる電荷をもつときは式 (2.62) の q の代わりに Zq を用いればよい。

2. 4. 衝突の断面積

気体電子工学は前にものべたように衝突によっておこるいろいろな現象を応用しようというのであるから，「衝突」についての研究が必要となる．そしてその研究もいろいろな方面から行なうことが考えられるが，ここではまず，衝突の頻度と気体分子の大きさおよび密度の関係について説明する．

図 1.1 に陰極を出発した電子が気体分子とはげしく衝突する様を画いたから，この状態についての説明からはいることとしよう．同図から想像すると，陽極-陰極間の距離が遠くなればなるほど，電子は陽極に到達しにくくなるであろう．この現象をはっきり実験によって確かめるためには次のような実験を行なえばよい．**図 2.8** において K は熱陰極，E_0 は加速電圧，A, A' は陽極で，その間の距離 x は可変であり，容器内には低圧力の気体が封入されている．K と A' の間の距離は十分短くして，その間では電子と気体分子の衝突は起こらないようにしておく．そうすると K から放出された熱電子は E_0 によって加速され，qE_0 なるエネルギーを持って A' に達するが，その一部は A' の中心部にある孔を通り，$\sqrt{2qE_0/m_e}$ なる速度を持つ電子ビームとなって A と A' の間の空間にはいり，気体分子と衝突して散乱を受けながら A に到達するであろう．したがって x を増加すれば A に集められる電子流 I は減少するであろう．このようにして I が x, E_0 および封入気体の圧力によってどのように変わるかを実験によって求めることができる．このような実験はすでに 1890 年代にレーナルド (Lenard) によって行なわれた．彼の実験，ならびにその後の研究の結果得られた結論は次のようなものであった．

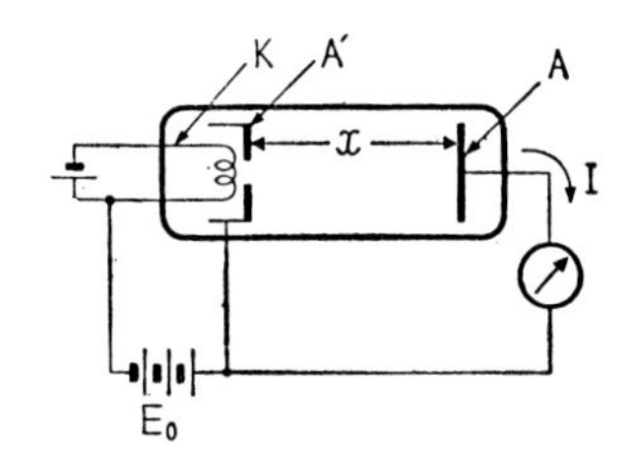

図 2.8. 電子ビームの散乱の実験．

(1) E_0 およびガス圧を一定とし x を変化させると次の関係が成立する．

$$I = I_0\, e^{-ax} \tag{2.63}$$

ここで I_0 は $x=0$ の場合の I である.

(2) 気体の種類は変えずにその圧力だけを変えていろいろ実験した結果によると, a は気体の分子密度 n に比例する. (ただし, 実験中 E_0 は変えない).

(3) a は E_0 すなわち電子のエネルギーを変えると変化する.

さて, 次になぜこのようになるかを説明できるような理論を導いてみよう. そのためには電子と分子との衝突はどんなふうに行なわれるかということについての詳しい知識が必要である. 我々はここでまず量子力学以前の人々が考えていたように, 電子も分子も球形をしており, 電子は小さくて軽いタマ, 分子は大きくて重いタマであると考えてみよう. 別な言い方をすれば, 我々はまず衝突の問題を単純化するために, 電子や分子の模型として球形の模型を採用して問題を解いてみよう. もちろん, 電子や分子を単に球形と考えることは正しくないが, このような古典的模型によってもかなりの程度に実験事実を説明することができるのである. いま図 2.8 において $x=0$ の面から出発した電子ビームを形成する N_0 個の電子が距離 x を通過する間に気体分子と衝突して横道にそれて次第に減少してゆく有様を計算してみよう. N_0 が x において N になり, $x+dx$ において $N+dN(dN<0)$ になったとすると, 1個の電子が厚さ dx なる気体の層の間を通過する間に気体分子と衝突する確率を p_r とし, 衝突した分子はすべてビームから外れるとすると

$$dN=-Np_r \tag{2.64}$$

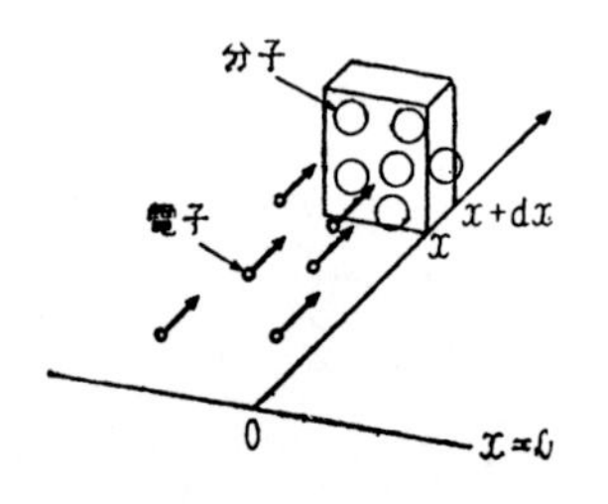

図 2.9. 電子ビームの散乱の説明.

そして p_r は次のように表わすことができる. 図2.9に示すように x なる位置にビームの方向に垂直に表面積 1 cm², 厚さ dx〔cm〕なる薄い "気体の箱" を考えると, この箱の中には, 気体分子が ndx 個ある. したがって, 気体分子の球形模型の断面積を σ (球の半径を r とすると $\sigma=\pi r^2$) とすると, この箱の表面の任意の一点に到着して「さてこの中を通りぬけよう」と試みる電子にとって, 1 cm² の面積のうち, 通れない面積は $\sigma\times$分子数$=\sigma ndx$, 素通しになっている部分の面積は

$1-\sigma n dx$ である．（ある分子が他の分子の かげ にあるような場合は，その分だけ「通れない面積」の数え過ぎがおこるわけであるが，気体分子が小さいために，また dx が薄いためにそのようなことはないとみられる．いいかえれば，dx をそのくらいに小さくとるのである．）したがって

$$p_r=\sigma n\,dx\,\mathrm{cm}^2/1\,\mathrm{cm}^2=\sigma n\,dx \tag{2.65}$$

とおける．この式は衝突の確率と断面積の関係を示す重要な式で，今後もよく出てくるからよく記憶しておいてもらいたい．これを式（2.64）に入れて

$$dN=-N\sigma n\,dx \tag{2.66}$$

$x=0$ において $N=N_0$ としてこれを解くと

$$N=N_0\,e^{-\sigma nx} \tag{2.67}$$

この式は式（2.63）と同じ形であり，また両式の比較から $a=n\sigma$，すなわち a が n に比例することがわかる．このように球形模型を用いて上記の実験結果(1)，(2)，(3) のうち，(1) および (2) を説明することができたのである．しかし，(3) はどうであろうか．(3) は σ が電子のエネルギーによって変化することを示すものである．その有様を有名なラムザウア（Ramsauer）の実験結果を引用して示すと**図 2.10～12** のようである．すなわち電子エネルギーが高い場合は σ はほぼ一定であるが，それが小さくなると σ の変化は著しい．分子を単に丸いタマと考えると，その断面積は電子のエネルギーに無関係に一定であるから，このような実験結果を説明することはできない．この性質は電子の波動性を考えることによって始めて理解できるのである．電子を波動とみなして衝突という現象を考えるならば，衝突はその波動が気体分子によっていかなる散乱を受けるかという問題である．しかしこの問題の取り扱い方は，量子力学の問題となるので別の本にゆずることとしたい．ただ，読者は次の説明によって電

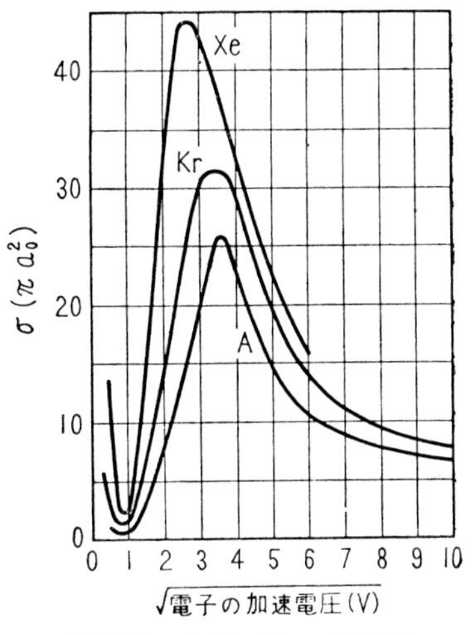

図 2.10. A, Kr, Xe の断面積．

子の波動性を考える必要があることを理解してもらいたい．波動力学によると物質の波動，すなわちド・ブロイ (De Broglie) 波の波長 Λ は h/mv (h はプランク定数，m は質量) であり，したがって，V なる電圧で加速された電子の波長は m を電子の質量として

$$\Lambda = h/mv = \sqrt{150/V(\text{volt})}\ \text{Å} \tag{2.68}$$

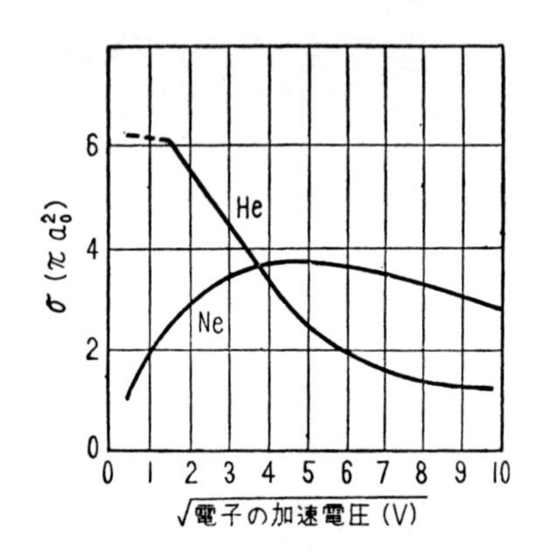

図 2.11. He, Ne の断面積 (σ).

〔Å は**オングストローム** (Öngstrom) 10^{-8} cm〕，すなわち $V=150$ V で 1 Å，$V=6$ V で 5 Å となる．一方，分子の球形模型の直径は 2～3 Å の程度であるから低エネルギーの電子の波長は，容易に分子の直径程度に長くなり，したがって波動性が衝突の現象を支配するようになるのである．これに反し，電子のエネルギーが高くなると Λ が分子の直径より小さくなってくるので，波動性は次第に影をひそめ，σ は球形模型の場合のような一定値に落ち着いてくる．**図 2.10～2.12** にはその傾向がよく現われている．いったい分子をはっきりした輪郭を持った（すなわち断面積の明確な）球と考えることが正しくないことは，今日では常識であるから，我々は球形模型を棄て去ると同時に断面積なる言葉も棄て去らなければならないわけである．しかし，式 (2.63) の a は常に n に比例するので a/n は1個の分子に付随する物理量であり，かつ面積のディメンションを持っているから球形模型の場合の言葉を受けついで $a/n=\sigma$ を衝突の有効断面積または単に**断面積** (cross section) と言っている．なお，**図 2.10～2.12** では断面積の単位として $\pi a_0{}^2$ という特殊な単位を用いているが，この a_0 は

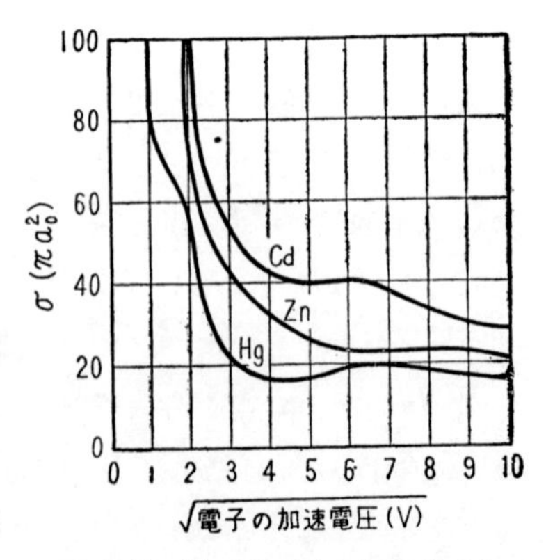

図 2.12. Hg, Zn, Cd の断面積 (σ).

ボーア (Bohr) が求めた水素原子の電子の円軌道の半径で 0.528 Å なる値を持ち，したがって πa_0^2 はその円軌道の面積である．この本では断面積の数値は全部この単位で表わすこととする．

2. 5. 自由行程および平均自由行程

さて次に無秩序運動を行なっている気体内における衝突の頻度の問題を考えてみよう．放電空間では気体はその分子の一部または全部が電離しているから，一般に分子，電子，およびイオンから成り立っている．これは**電離気体** (ionized gas) という．電離気体はまた，分子ガス，電子ガスおよび**イオンガス** (ion gas) の混合気体とみることができる．そしてその中では次に示す6種類の組合せの衝突が行なわれている．

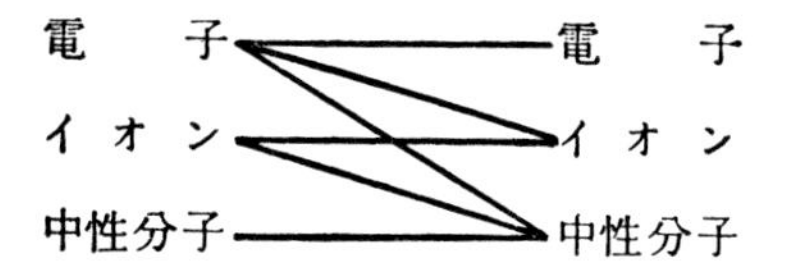

その中でまず電子と中性分子の衝突を取り上げてみよう．これは 2.4 節で説明した衝突と同じ種類の衝突である．電子が1回衝突してから次の衝突を行なうまでに空間を飛行する距離は**自由行程** (free path) と呼ばれる．これを l とすると l には長いものも短いものもあり，一定しない．しかしその平均，すなわち**平均自由行程** (mean free path) を λ_e とすると，電子が1秒間に分子に衝突する回数はだいたい v_e/λ_e で与えられるわけであるから，衝突の頻度の問題は，平均自由行程の問題であるとみることができる．そこで自由行程および平均自由行程について考えてみるが，まず 2.1 節で速度の分布関数を求めたように，自由行程の分布関数を求めてみよう．いま G_0 個（G_0 は非常に大きい数）の自由行程の測定に成功したとし（実際にはそんなことはできないが，これは頭の中で行なう仮想実験である．これを思考実験という），その結果 x と $x+dx$ の間にある l の数が $dG(x)$ 個あったとすると，速度分布の場合の真似をして

$$dG(x)=G_0f(x)dx \tag{2.69}$$

とし $f(x)$ を求めることを考えてみる．これは前節の計算を用いると簡単に求

まる。

式 (2.67) において $N/N_0=e^{-n\sigma x}$ なる量の意味を考えてみると，これは任意の1個の電子の自由行程が x より長い確率である．それはまた $\int_x^\infty dG(x)/G_0$ とおくこともできる．何となれば，$dG(x)/G_0$ は任意の1個の電子の l が x と $x+dx$ の間にある確率であるからである．以上のことを式でかくと

$$\int_x^\infty dG(x)/G_0=\int_x^\infty f(x)dx=e^{-n\sigma x} \tag{2.70}$$

これから直ちに

$$f(x)=n\sigma e^{-n\sigma x} \tag{2.71}$$

$\lambda_e=\langle l\rangle$ はやはり $\langle v\rangle$ の計算の場合の真似をして計算すると

$$\lambda_e=\frac{1}{G_0}\int_{x=0}^\infty x\,dG(x)=\int_0^\infty n\,\sigma x\,e^{-n\sigma x}\,dx=\frac{1}{n\sigma} \tag{2.72}$$

となる．すなわち λ_e は n に逆比例し，その値は σ がわかっておれば容易に算出できる．したがって λ_e もまた電子のエネルギーによって変わる．次に $f(x)$ の形を図示するために式 (2.18) や (2.19) の表わし方にならって表わすと

$$f(x)\,dx=\frac{dG(x)}{G_0}=\frac{1}{\lambda_e}e^{-\frac{x}{\lambda_e}}dx=e^{-y}dy \qquad (\text{ただし，} y=x/\lambda_e) \tag{2.73}$$

となる．すなわち自由行程の分布は図 2.13 に示すような単純な指数関数となる．これを用いて G_0 個の l のうち，λ_e より長いものの数の G_0 に対する割合を求めると，

$$\int_{x=\lambda_e}^\infty dG(x)/G_0=\int_1^\infty e^{-y}\,dy=e^{-1}=0.368$$

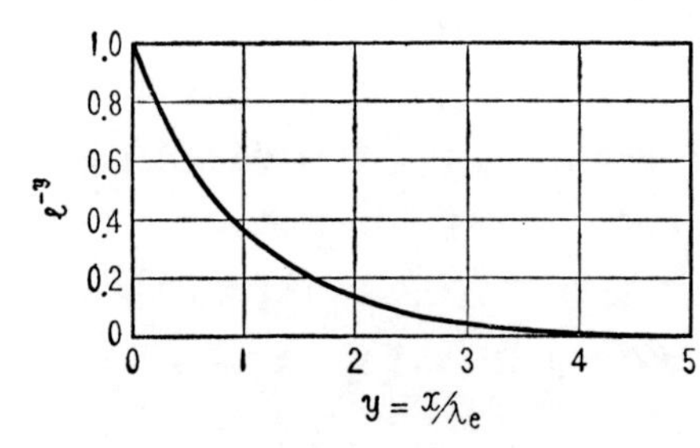

図 2.13. 自由行程の分布．

したがって λ_e より短いものの数の割合は $1-e^{-1}=0.632$ となる．同様にして $0.5\,\lambda_e$ より短い自由行程の割合を求めてみると $1-e^{-0.5}=0.39$ となり，かなり多い．自由行程の分布が速度分布の場合のような中央部に高くて両端に低い「山形」を呈さないためにこのように短い自由行程が多く存在するのであ

る．このことはおぼえておく必要がある．

次に中性分子相互の場合の自由行程について考えてみよう．ここで再び分子の球形模型を採用する．そうすると当面の問題は上記の電子と中性分子の衝突の場合の考え方に対し，次の2点の修正を加えればよい．

(1) いったい，2つの球の衝突は両球の中心間の距離が両球の半径の和よりもっと接近しようとするとき起こるものである．したがって電子と分子との衝突は電子の半径が分子の半径 r_m に比較してずっと小さくて省略できるとすると，中心間の距離が r_m より小さくなろうとするとき起こるのであって，これを別の言葉で言うと「電子の通過に際して分子がじゃまをする面積は πr_m^2 である」と言える〔式 (2.65) 参照〕．同じことを分子相互の衝突の場合にあてはめると，衝突は両中心間の距離が $2r_m$ より小さくなろうとするとき起こるのであり，すなわち「分子の通過に際し他の分子がじゃまをする面積は $4\pi r_m^2$ (図 2.14 に点線で示す円の面積) である」と言える．すなわち衝突の確率は4倍となり，したがって平均自由行程は λ_e の $1/4$ となる．

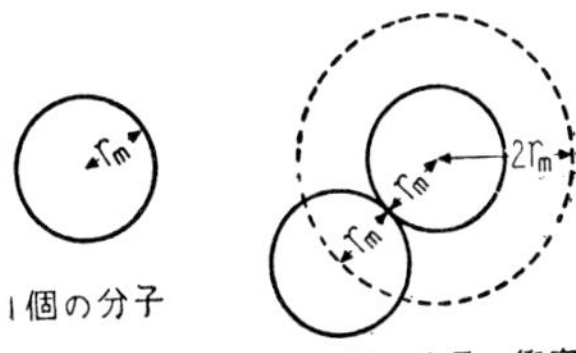

図 2.14. λ_m と分子の断面積の関係の説明．

(2) 式 (2.65) を出すときは分子は静止しているとみなした．それは分子の質量が電子の質量に比較して非常に大きいために両者の速度にも格段の開きがあり，したがって分子が静止しているとしてもさしつかえないためである．ところが分子相互の衝突の場合は，どちらもほぼ同じ速度で動いているわけであるから，一方が静止しているとみなすことはできない．どちらも動いているとすると一方が静止しているとした場合より相対速度が大きくなり，したがって単位時間内の衝突回数が増し，その結果平均自由行程は短くなる．正確な計算によると $1/\sqrt{2}$ 倍になる．したがって，分子相互の衝突の場合の平均自由行程を λ_m とすると，上記の2点を考慮して

$$\lambda_m = \frac{1}{4\sqrt{2}}\lambda_e = \frac{1}{4\sqrt{2}\,n\sigma} \tag{2.74}$$

となる．そして分子の場合は質量が大きいために式 (2.68) に示すド・ブロイ波の波長は短いから分子の波動性による σ の変化は考える必要がなく，古典的な球形模型を用いてさしつかえない．

さて式 (2.72) に示すように，ある気体内の λ_e は n によって定まる．気圧を p とすると

$$p=nkT \tag{2.75}$$

なる関係があるから λ_e は p および T によって定まる．放電管の場合のように一定容積内に封入された気体の場合は，n が温度に無関係に一定だから λ_e は T や T の変化による p の変化に関係しない．そこである一定温度，たとえば 0°C における封入気圧 (p_0) によって定まるといってもよい．それは式 (2.75) によって p_0 を定めることは n を定めることに外ならないからである．このようにして λ_e は p_0 に逆比例する．すなわち，0°C，1 mmHg における λ_e を λ_{e1} とし，p_0 を mmHg で表わすと

$$\lambda_e=\lambda_{e1}/p_0 \tag{2.76}$$

同様に 0°C，1 mmHg における λ_m を λ_{m1} とすると

$$\lambda_m=\lambda_{m1}/p_0 \tag{2.76.1}$$

表 2.1．分子の平均自由行程および直径．

気体	λ_{m1} (単位, 10^{-3}cm)	$2r_m$ (単位, 10^{-8}cm)
He	13.4	2.18
Ne	9.52	2.59
A	4.80	3.64
Kr	3.68	4.16
Xe	2.71	4.85
H_2	8.44	2.74
空気	4.61	3.72
N_2	4.52	3.75
O_2	4.90	3.61
Cl_2	2.18	5.40
Hg	6.32	3.16

表 2.1 に主要な気体の λ_{m1} および分子の球形模型の直径を示す．

次にイオンと分子の衝突の場合であるが，イオンは質量が分子とほとんど等しいから，この場合の衝突確率は分子相互の場合のそれと等しいと考えてもよい．したがってイオンの分子ガス中における平均自由行程を λ_i とすると

$$\lambda_i=\lambda_m \tag{2.77}$$

また式 (2.76.1) に対応して

$$\lambda_i=\lambda_{i1}/p_0 \tag{2.77.1}$$

となる．ここで λ_{i1} は 0°C，1 mmHg における λ_i である．

次は電子と電子，イオンとイオンおよび電子とイオンの組合せであるが，こ

の場合は今までの現象と非常に異なる．それはこれらの組合せの場合は両粒子間にクーロンの静電引力という非常に力の及ぶ範囲の広い力が働くからである．したがって1個の粒子の軌道が，その近くにある多くの粒子から影響を受けるという事態がおこり，問題が複雑となるので本書の程度からみて省略することとする．これらの組合せによる衝突は，完全電離気体では重要であるが，一般の放電管の内部では，イオンや電子に比べて中性分子が断然多いためにその影響は少ない．

以上で平均自由行程の説明を終るが，最後にもう少しその数値に親しみを感じてもらうために，λ_m と気体分子相互間の距離の平均（d_m）を比較してみよう．

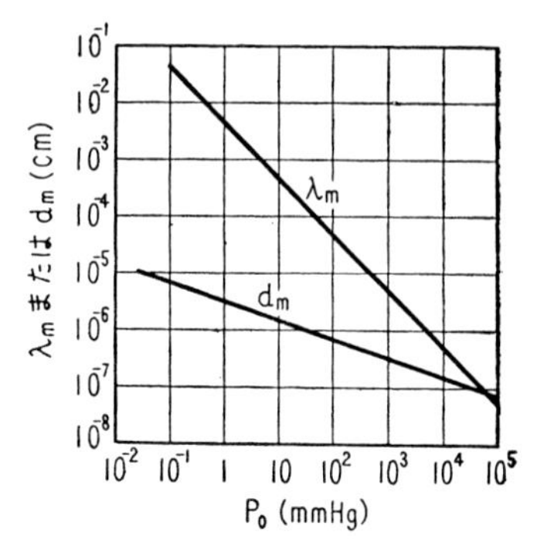

図 2.15．平均自由行程と分子間距離．

1 cm の直線上に d_m なる間隔で分子を並べると $1/d_m$ 個並ぶから，だいたい $(1/d_m)^3=n$ とおくことができる．すなわち λ_m が n に逆比例であったのに対し，d_m は $n^{1/3}$ に逆比例する．0°C の N_2 の場合について λ_m および d_m が気圧に対してどのように変わるかを示したのが**図 2.15** である．すなわち気圧の低いうちは $\lambda_m \gg d_m$ であるが，気圧が上昇するにつれてその比は小さくなってゆき，約 80 気圧で両者が一致する．うっかり考えて λ_m と d_m を混同することがないようにと思って，その差を明らかにしておく次第である．

第 3 章

電 離 気 体

気体は普通の状態では電気的に中性な分子の集合から成立っているが，何らかの原因でその一部または全部が電離しているとき，この気体を電離気体という．2.5 節の始めにも述べたように電離気体は分子ガス，電子ガスおよびイオンガスの混合気体とみることができる．いま，イオン密度を n_i，電離が行なわれる前の分子密度を n_{m0} とし，n_i/n_{m0} を電離度と名付けるならば放電管の内部，大気中のアーク等，電気工学で普通とり扱うような電離気体の電離度は 10^{-5}～10^{-2} 程度の小さい値である．すなわち電子やイオンの数に比べてまだ電離してない分子の数が断然多い（表 **3.3** 参照）．このような電離気体を本書では**弱電離気体** (weakly ionized gas) と呼ぶこととする．電離作用が非常に強く働くと分子はついに全部電離し，イオンと電子だけになってしまう．これを**完全電離気体** (fully ionized gas) と言い，天体内や核融合反応実験炉内にあるいわゆる高温プラズマはこの状態にある．**図 3.1** はそれらの説明図である．電離気体は電子やイオンのような電荷を持った粒子を多数含むから，普通の気体と違って外部から加えられる電界や磁界の影響を受けるし，またそれらがなくてもその内部で電磁的な相互作用を及ぼし合っていろいろな動きを行なうのである．したがってそれに関連する現象は非常に複雑で，その全般を説明することは本書の程度ではできないから，本章では単純な現象だけについて説明する．以下取り扱う電離気体は，特にことわらないかぎり，すべて弱電離気体である．

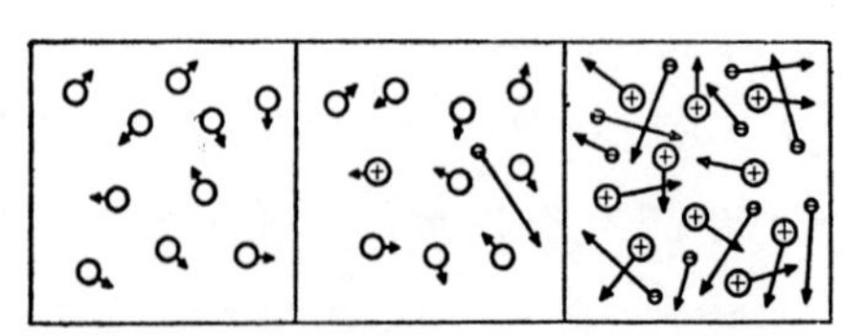

(a) 中性の気体　(b) 弱電離気体　(c) 完全電離気体
(○ 分子, ⊕ イオン, ⊖ 電子, 矢は速度を示す)

図 3.1. 電離気体の説明図.

最初の 2 節では衝突の問題を取り扱う．2.4 節および 2.5 節では衝突を衝突する粒子の種類によって分類し，その頻度の問題を説明したが，「衝突の結果どういう現象がおこるか？」ということについては全然ふれなかったので，以下の2節では同じ分類に従いつつこの問題についての説明を行なうこととする．

この問題の説明には量子力学の力を借りなければならない．特にある現象がおこる確率はどのぐらいかという問題は，量子力学を用いる計算によらなければ全く説明できないのであるが，本書ではその主旨から考えて，量子力学の計算式は全然使わないこととしたので，以下の2節の説明は多分にデータの羅列的にならざるを得ない．読者はこれを了承されたい．

3. 1. 電子と分子（または原子）との衝突

これは放電空間において最も重要な種類の衝突であるから，まずこの説明から始めることとする．ご承知のように気体は N_2, H_2, CO_2 等のような**分子気体**または**多原子気体** (polyatomic gas) とHe, Ne, Hg 等のような**単一原子気体** (monoatomic gas) とに分けることができるが，原子の方が内部構造が簡単なために説明に便利だから，主として単一原子気体について説明する．

原子の構造についての簡単な常識はすでに読者が持っているものと考えてよいであろう．すなわち原子は中性子と陽子の かたまり から成る原子核と，それと静電引力によって結びついている幾つかの電子より成り，全体として電気的に中性を保っている．この状態を原子の**基底状態** (ground state) という．これらの電子のうち，原子核と一番ゆるく結合している電子を原子核からもぎとるのに要する仕事が，電離の仕事であり，それに要するエネルギーを qV〔電子の電荷×電位差，単位は**電子ボルト*** (electron volt)〕で表わしたときの V が**電離電圧** (ionization potential) であって，この本では V_i なる記号で表わしている．電子を1個もぎとられた原子は，$+q$ なる正電荷を持つイオン，すなわち1個の正イオンとなる．qV_i よりもエネルギーの低い所にも電子のとどまりうるいくつかの状態がある．これを**励起状態** (excited state)

---

* 1個の電子が1ボルトの電位差で加速されたときに得るエネルギーを1電子ボルト（記号は eV）という．

という．この状態は不安定で，電子はたとえこの状態に上げられてもそこに長くとどまることはできず，短時間の間に安定な基底状態に戻ってしまう．電離や励起の現象を理解してもらうためには，原子内の電子が**図 3.2** に示すような形をした穴にはいっていると考えたらよいと思う．この穴をポテンシャルの穴と呼ぼう．すなわち図の縦軸は電子の位置のエネルギーを示し，電離は電子が，穴からすっかり出てしまうことで表わし，励起は穴の壁の所々にある小さい段に電子がちょっとの間とどまることで表わしている．

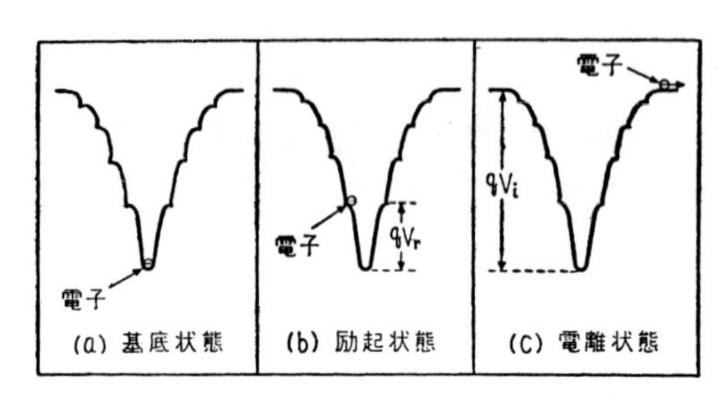

図 3.2. 電離および励起の説明図．

このような構造を持った原子に遠方から電子が飛んできて衝突したとする．この飛んできた電子を1次電子と呼ぶこととしよう．衝突の際，1次電子のエネルギーの1部は原子内の電子にうつったり，原子の運動のエネルギーになったりする．いま，原子内の電子に乗り移るエネルギー K が qV_i より大きいときは原子は電離され，$qV_i>K>0$ のときはある励起状態に励起される．$K=0$ の場合は原子は基底状態に保たれる．$K=0$ の場合，衝突によって原子の内部状態に何らの変化もおこらないから，衝突は**弾性衝突** (elastic collision) であるということができる．これに対し，電離や励起を起こす衝突は，原子の内部エネルギーの変化を伴なうから**非弾性衝突** (inelastic collision) である．このように電子が原子に衝突する場合は電離，励起，弾性衝突のうちのいずれかがおこる．2.4 節ではこれらを全部ひっくるめて，単に衝突と呼んでいたのである．さて式 (2.65) によると，電子が密度 n なる気体の中を Δx だけ進む間に，気体分子と衝突する確率 p_r は，気体分子の衝突の断面積を σ とすると $p_r=\sigma n\Delta x$ であった．ところで，この衝突のうちには上記の3つの種類の衝突，すなわち電離をおこす衝突，励起をおこす衝突，および弾性衝突がふくまれているわけであるが，そのおのおののおこる確率はいずれも n に比例し，かつ $\varDelta x$ にも比例すると考えられるから，各衝突のおこる確率を上記の順に $\sigma_i n\varDelta x, \sigma_{ex} n\varDelta x$ および $\sigma_{el} n\varDelta x$ とおくと次式が当然成立する．

$$p_r = \sigma n\varDelta x = \sigma_i n\varDelta x + \sigma_{ex} n\varDelta x + \sigma_{el} n\varDelta x \tag{3.1}$$

すなわち，比例係数 σ_i, σ_{ex} および σ_{el} はいずれも面積のディメンションを持つ量で

$$\sigma = \sigma_i + \sigma_{ex} + \sigma_{el} \tag{3.2}$$

の関係がある．そこで σ_i を**電離の断面積** (ionization cross-section)，σ_{ex} を**励起の断面積** (excitation cross-section)，σ_{el} を**弾性衝突の断面積**(cross-section for elastic collision) と言い，これらに対応させて σ を**全衝突断面積** (total collision cross-section) と言う．すなわち分子を σ なる面積の1つの標的と考えるならば，これは**図 3.3** のような標的で，電子が σ_i にあたると電離がおこると考えればよろしい．次にこれらの衝突について若干の説明を行なう．

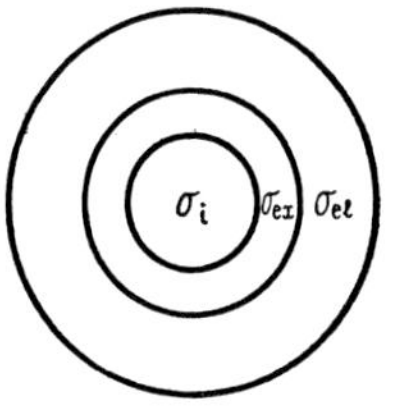

全体の面積＝σ

図 3.3. 分子の衝突断面積の説明．

3. 1. 1. 弾 性 衝 突

1次電子のエネルギーが小さいときは，この衝突がおこりやすい．それが最もエネルギーの低い励起状態のエネルギー〔**図 3.2** においては一番低い段の高さに相当するエネルギー，すなわち (*b*) 図の qV_r〕より小さいときは衝突はすべて弾性衝突である．弾性衝突の場合，1次電子のエネルギーの一部は原子の運動のエネルギーに乗り移るわけであるが，次にその量を計算してみよう．

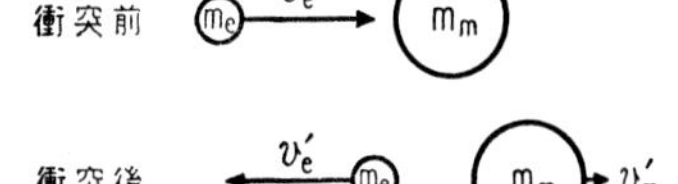

図 3.4. 弾性衝突の説明（中心衝突）．矢印は速度を示す．

2.5 節にも述べたように分子の速度は電子の速度に比較して，非常に小さいから問題を簡単にするために分子は静止していると考えよう．いま**図 3.4** に示すように m_m なる質量を持つ静止している分子に，質量 m_e，速度 v_e なる電子が，その中心めがけてぶつかって来る場合を考えよう．このように中心めがけてぶつかる衝突を**中心衝突** (central collision) という．そして衝突の結果 v_e が v_e' に変わ

り，一方，分子の速度は v_m' になったとする．そうすると衝突の前後で運動量およびエネルギーが保存されるから（これは量子力学においても成立する）．

$$m_e v_e = -m_e v_e' + m_m v_m' \tag{3.3}$$

$$\frac{1}{2} m_e v_e^2 = \frac{1}{2} m_e v_e'^2 + \frac{1}{2} m_m v_m'^2 \tag{3.4}$$

両式から v_e' を消去すると

$$v_m' = \frac{2 m_e}{m_e + m_m} v_e \tag{3.5}$$

電子の失ったエネルギーは $(1/2) m_e v_e^2 - (1/2) m_e v_e'^2$ で，これはとりもなおさず，分子がもらったエネルギー $(1/2) m_m v_m'^2$ であるから，式 (3.5) を用いて

$$\frac{1}{2} m_m v_m'^2 = \frac{4 m_e m_m}{(m_e + m_m)^2} \cdot \frac{1}{2} m_e v_e^2 \tag{3.6}$$

$m_e \ll m_m$ であるから m_m に対して m_e を省略すると

$$\frac{1}{2} m_m v_m'^2 = \frac{4 m_e}{m_m} \cdot \frac{1}{2} m_e v_e^2 \tag{3.6.1}$$

すなわち電子は分子との衝突によって，当初のエネルギーの $4 m_e/m_m$ を失う．しかし中心衝突が，そううまくいつもおこるはずはない．すれすれの衝突という場合もあるであろう．このような場合には電子はエネルギーを失わない．実際の場合はその中間的な衝突，すなわち**図 3.5** に示すような衝突が多いであろう．これらの場合をすべて平均すると，電子が1回の弾性衝突で失うエネルギーの平均の割合 δ は，両極端の中間ぐらいの値 $\delta = 2 m_e/m_m$ ぐらいになるだろうと思われる．

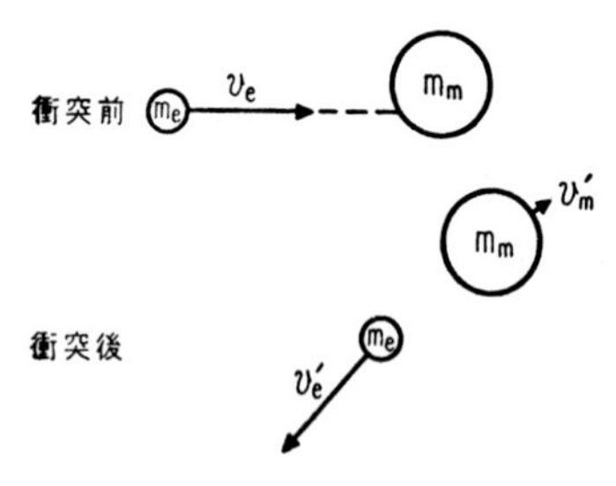

図 3.5．弾性衝突の説明（斜の衝突）．矢印は速度を示す．

古典的な球形模型による正確な計算はまさにこれと同じ結果になる．すなわち

$$\frac{1}{2} m_m \langle v_m'^2 \rangle = \delta \cdot \frac{1}{2} m v_e^2, \quad \delta = \frac{2 m_e}{m_m} \tag{3.7}$$

$m_e \ll m_m$ であるから δ は小さい値である．すなわち H_2, A, Hg に対してそれぞれ 1/1840, $1/3.68 \times 10^4$, $1/1.84 \times 10^5$ であって，電子が分子との1回の弾性

衝突によって失うエネルギーは，微小なものであることがわかる．しかしこのように少なくても衝突の回数が多ければ，エネルギー損失は，相当な量になり得るのである．

上記の計算では分子が静止しているとしたが，実際には分子もその温度に相当する熱運動を行なっている．電子の速度もマクスウェル分布をしており，そのエネルギーはいろいろである．したがって正確にはこれらのことを加味して計算しなければならない．温度 T_m なる分子気体と，温度 T_e なる電子気体が混っており，分子の速度も電子の速度もマクスウェル分布をしているとして，電子が分子との弾性衝突によって失うエネルギーの1回の衝突あたりの平均を $\Delta\epsilon_e$ とすると，$\Delta\epsilon_e$ は古典的球形模型を用いて次のように計算されている．*

$$\Delta\epsilon_e=\frac{8}{3}\cdot\frac{m_e\,m_m}{(m_e+m_m)^2}\left(1-\frac{T_m}{T_e}\right)\frac{3}{2}kT_e \tag{3.8}$$

すなわち $\delta=\Delta\epsilon_e/(3/2)kT_e$ とすると

$$\delta=\frac{8}{3}\cdot\frac{m_e\,m_m}{(m_e+m_m)^2}\left(1-\frac{T_m}{T_e}\right)\simeq\frac{8}{3}\cdot\frac{m_e}{m_m}\left(1-\frac{T_m}{T_e}\right) \tag{3.9}$$

このように式 (3.7) と若干変わった式になる．この結果によると，δ は $T_e=T_m$ のときは0となる．この場合は分子ガスと電子ガスが熱的に平衡状態にあるのだから，電子ガスから分子ガスへのエネルギーの流れはないわけで，δ が0となるのは当然のことである．$T_e>T_m$ のときは電子ガスから分子ガスへエネルギーの流れがあり，δ は両気体の温度差に比例する．$T_e\gg T_m$ の場合は $\delta=(8/3)(m_e/m_m)$ となり式 (3.7) に近い値となる．放電管の内部ではこの状態であることが多いのである．$T_e<T_m$ の場合はエネルギーの流れは逆向きとなり，$\delta<0$ となる．

3. 1. 2. 電離をおこす衝突

これを**電離衝突** (ionizing collision) と呼ぶこととする．電離衝突の起こる確率は1次電子のエネルギーが気体分子の qV_i より小さい間は0であって，

---

* A. M. Cravath, *phys. Rev.*, **36**, 248 (1930).

表 3.1. 原子の電離電圧，最低励起電圧，準安定準位の表．

	原子	電離電圧 (V)	最低励起準位* の電位 (V)	主要な準安定準位の電位 (V)
	H	13.59	10.16	
不活性元素（O族）	He	24.58	19.81	20.62；20.96
	Ne	21.56	16.53	16.62；16.72
	A	15.76	11.62	11.53；11.72
	Kr	13.99	9.98	9.82；10.51
	Xe	12.13	8.39	8.28； 9.4
アルカリ金属（I族a）	Li	5.39	1.845	——
	Na	5.14	2.11	——
	K	4.34	1.61	——
	Cs	3.89	1.38	——
	Hg	10.43	4.89	4.67； 5.47
	N	14.54	2.38	——
	O	13.61	1.97	——
	Cl	13.01	0.11	——

* 準安定準位を除いて最も低いもの．

それが，qV_i に達して始めて電離の確率が現われる．**表 3.1** に気体電子工学に関係の深い原子の V_i を表わした．このうち，H と He については理論値と実験値の完全な一致が得られているが，他はいずれも実験値である．この表に見られるように V_i は He, Ne 等の不活性元素（O族）では高く，Li, Na 等のアルカリ金属（I 族 a）では低い．このように V_i の大小は元素の周期表と関係があるのであって，この有様をグラフで示すと**図 3.6** のようになる．これは周期表が原子内の電子の配列の周期性に立脚しているためである．

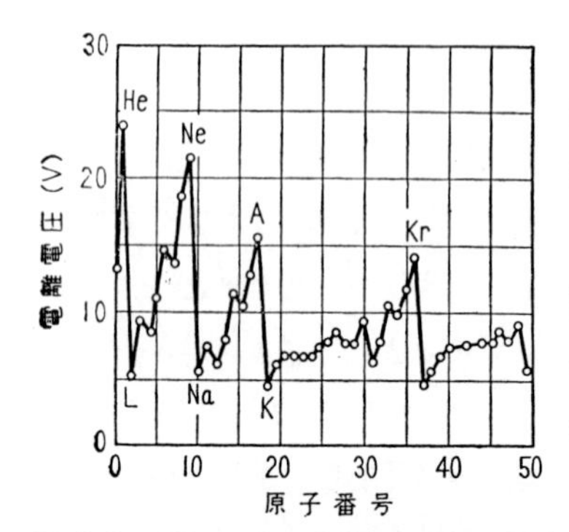

図 3.6. 電離電圧と原子番号の関係．

電離の断面積 (σ_i)，すなわち電離の確率は上述のように1次電子のエネルギー ϵ_1 が，qV_i に達するとはじめて現われ，その後 ϵ_1 の増加と共に次第に増加し，ϵ_1 が qV_i の数倍になったときに最高値を示し，その後は ϵ_1 の増加と共に減少する．**図 3.7** は H についてこのような傾向を示す．図に示すように理論と測定との間に相当よい一致が得られている．このように ϵ_1 が大きくなると，かえって σ_i が減少するのは，1次電子があまり急速に原子の側を通過するので，エネルギーが乗り移る ひま がなくなるためである．他の原子もだいたいこれに似た傾向を示す．**図3.8** は Hg の σ_i を示す．同図には Hg^+ を

生ずる衝突の σ_i のほかに Hg から 2個，3個または4個の電子をもぎとって，Hg^{++}，Hg^{+++}，または Hg^{++++} を生ずる多重電離の σ_i をも示してある．

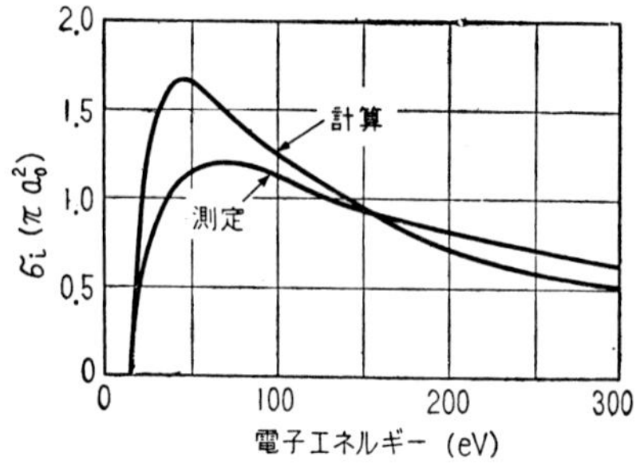

図 3.7. H の電離の断面積．

3. 1. 3. 励起をおこす衝突

これを**励起衝突**(exciting collision) と呼ぶこととする．基底状態と電離状態との間には多くの励起状態がある．すなわち**図 3.2** のポテンシャルの穴の壁の段の数は図に示すような少ない数のものではなく，もっとずっと数多くあるのである．それらの段の高さ，すなわち基底状態を規準として表わしたある励起状態の電子のエネルギーを，その励起状態のエネルギー準位，または単に準位という．エネルギーの単位としては電子ボルトを用いるのが普通であるが，まぎらわしくないときは略してボルトと書く．

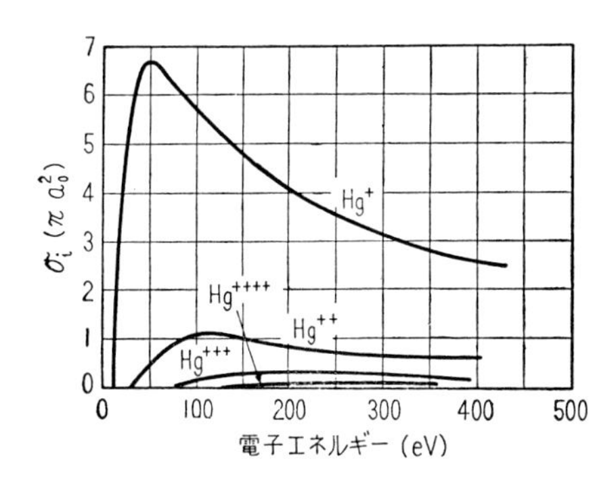

図 3.8. Hg の電離断面積．

実例について話した方がわかりやすいと思うから，Ne を例にとって説明しよう．**図 3.9** は Ne 原子のエネルギー準位の一部を示す．励起状態の準位のうち，一番低いものは 1*s* と名付けられるグループで 16～17 V の間に図に示すように4本ある．その中で一番低いもの，すなわち**最低励起電圧** (lowest excitation potential) は 16.53 V である．したがって ϵ_1 がこれより小さいときは，衝突は必ず弾性衝突である．その少し上には，2*p* と名付けられるグループがあり，これは 18.3～18.9 ボルトの間に10 本の準位を持っている．その更に上から V_i の間にも多数の励起状態の準位があるが，これらは省略することとする．次に原子内の電子が1次電子からエネルギーを受け取って，これらの準位のいずれかに励起された後どうなるかについて簡単に説明しよう．励起状態は **図3.2** に小さい段で表わしておいたように，不安定であって，電子はこの状態にはわずかに 10^{-8} 秒ぐらいしかとどまることができず，より低い準位を経て結局は基底状態にもどってしまう．そのとき**光子** (photon) が発生して電子の位置のエネルギーの減少分を吸収する．すなわち E_m なる準位から E_n なる準位へ落ちる場合すなわち転移する場合に発生する光子の振動数を ν とすると

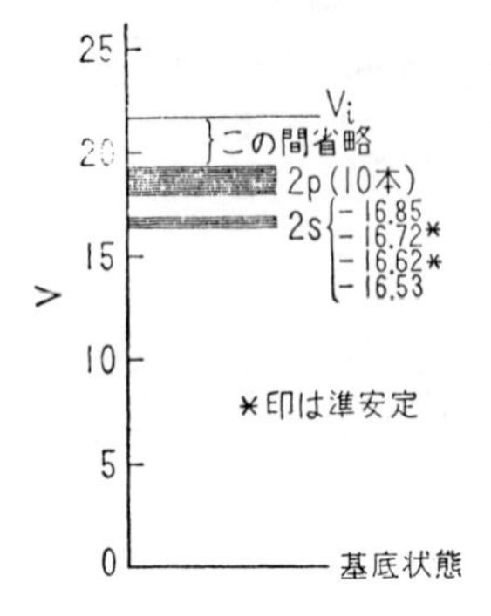

図3.9. Ne のエネルギー準位．

$$h\nu=E_m-E_n \tag{3.10}$$

ここで h は**プランク定数** (Planck constant) である．光子の波長を Λ とし，光速を c とすると，$\Lambda=c/\nu$ であるから

$$\Lambda=hc/(E_m-E_n) \tag{3.10.1}$$

Λ をオングストローム (Å)，E_m，E_n をボルトで表わすと

$$\Lambda(\text{Å})=12,400/(E_m-E_n)(\text{V}) \tag{3.11}$$

となる．ネオンの場合，$2p$ グループのいずれかの準位から $1s$ グループのいずれかの準位に転移することによって生ずる光子の波長は，両グループのエネルギー準位の差が約 2 V であるので，6000 Å を中心としたいろいろな値 (5400～7000 Å) をとる．夜の盛り場をいろどるネオンサインの赤橙色は，この転移によるものである．$1s$ の準位から基底状態への転移の場合は波長 740 Å ぐらいの紫外線を発する．

ところで以上の説明では励起状態はすべて不安定であると言ったが，実際はそうでなく，そのうちいくつかは，他の一般の励起状態に比較して格段に高い安定度を持っている．これらは**準安定状態** (metastable state) と言われ，その状態にある原子を**準安定原子** (metastable atom) と言う．Ne の場合は $1s$ グループの中の 16.62 V および 16.72 V の 2 本が**準安定準位**(metastable level) である．**図 3.10** のように**図 3.2** で用いたポテンシャルの穴の壁の段に低い柵を設けて準安定状態を表わすこととする．原子内の電子が一

度この状態に上がると，光子を放出して下の準位に落ちる確率が極めて小さいので，他の粒子または電極面と衝突した際にその助けを借りて準安定状態を脱出し，他の準位または基底状態に転移する．このとき放出されるエネルギーはこの助けを受けた粒子に全部与えられ，光子放出の形でのエネルギー消費は行なわれない．すなわち準安定準位を qV_m とすると，準安定原子は qV_m なるエネルギーを内蔵しつつ空間をさまよっているのである．

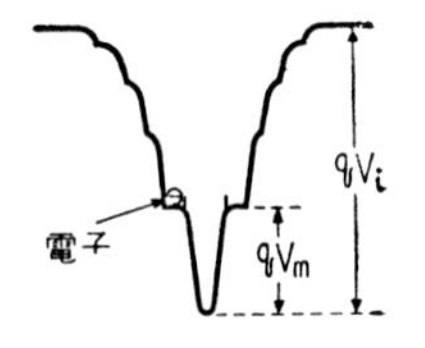

図 3.10. 準安定状態の説明．

表 3.1 の第3列に主要な準安定準位を，第2列にそれらを除いて最も低い励起準位を示した．このようにアルカリ金属原子は準安定準位を持たない．多くの励起準位のうち，いかなるものが準安定になるかということについては，量子力学の研究によって美しい規則性（選択規則）が見出されているが，それについてはその方の専門書にゆずることとする．

励起状態の原子は，普通は電離には直接の関係はないのであるが，準安定原子は次に述べるような方法で電離に対し大きい寄与を行なっている．

(1) 準安定原子による低速電子の加速

電子のエネルギー ϵ_1 が qV_i より小さいときは，その電子は電離の能力がない．しかし，この電子が qV_m なるエネルギーを持つ準安定原子にぶつかると，そのエネルギーをもらって ϵ_1+qV_m なるエネルギーを持つようになるから，これが qV_i より大きければ電離が可能となる．すなわち準安定電子のおかげで，$\epsilon_1 \geqslant q(V_i-V_m)$ であれば（N_e の場合は $\epsilon_1>5\,\mathrm{eV}$ であれば）電離が可能となる．準安定原子の密度は，放電電流の増加と共に増加するものと考えられるから，このような過程による電離の重要性は放電電流の増加と共に増大してゆく．

(2) 混合気体における現象

混合気体の放電開始電圧（火花電圧）について次のようなおもしろい現象がある．電極間隔 2 cm，Ne 50 mmHg 封入の二極放電管の直流の放電開始電圧は，約 800 V である．ところが，これにわずか 0.1 % の A をまぜると放電開始電圧は，約 200 V すなわち ¼ に低下するのである．この現象は 1937

年にペンニング (Penning) 等によって発見され，次のような説明が与えられた．Ne の V_m は 16.6～7 V で A の V_i (15.8 V) より少し高い．このような場合の電離は普通のタイプ，すなわち電子を e で表わすと

$$\mathrm{Ne}+e \rightarrow \mathrm{Ne}^{+}+2e \quad \text{または} \quad \mathrm{A}+e \rightarrow \mathrm{A}^{+}+2e \tag{3.12}$$

のほかに Ne の準安定原子 (Ne^{*} で表わす) がまずできて，ついでこれが A と衝突するさい，A が電離され Ne が基底状態にもどるというように 2 段階で行なわれる電離が可能である．これを式で書くと

第 1 段階 $$\mathrm{Ne}+e \rightarrow \mathrm{Ne}^{*}+e \tag{3.13}$$

第 2 段階 $$\mathrm{Ne}^{*}+\mathrm{A} \rightarrow \mathrm{Ne}+\mathrm{A}^{+}+e \tag{3.14}$$

そして上述のように微量の A をまぜることによって火花電圧が著しく低下するのは，式 (3.12) に示す電離のおこる確率より式 (3.13)，(3.14) に示す電離のおこる確率の方が，ずっと大きいためと考えられる．事実，そのことは量子力学による確率の計算とも矛盾しない．このような現象は Ne と A の混合気体に限らず，一般に 2 種の気体 a, b が混合しているとき，a の V_m が b の V_i より少し大きいという条件が成立するときにおこるのである．一例をあげれば，A と Hg の混合気体である．A の V_m は 11.5 V および 11.7 V であり，Hg の V_i (10.42 V) より少し高いので，上記の条件は立派に満足されており，この場合も低い放電開始電圧が得られる．この混合気体は螢光燈に用いられているので，我々は毎日この現象のご厄介になっているわけである．

Ne と A の混合気体もよく放電管に用いられるものであって，この現象は気体電子工学上重要な現象であるので，始めてこれを研究した人の功績を記念して**ペンニング効果** (Penning effect) といっている．

このように 2 段階に行なわれる電離は目新しい現象のように感ぜられるが，これに似た現象で我々がよく知っている現象に化学反応における触媒の作用がある．すなわち式 (3.13) の左辺の Ne は式 (3.14) の右辺で結局もとにもどり，単に A の電離を促進するだけで自らは何ら変化しないのであるから，Ne の役割は，触媒の働きであると言えるのである．

このように多段階を経て行なわれる電離を**累積電離** (cumulative ionization) と言う．

原子の場合はその内部エネルギーの増加は上述のような原子内の電子の位置のエネルギーの増加によるほかはないのであるが，分子の場合はそのほかの方法によっても可能である．例として H_2 や N_2 のような 2原子分子をとると**図 3.11** に示すような，2つの原子の振動のエネルギーや回転のエネルギーによるところの内部エネルギーを持ちうる．これらのエネルギーも上述の電子の励起準位の場合と同様に任意の値をとることはできないで，特定のとびとびの値しかとれない．そこで電子の励起準位を電子の準位というのに対応して，これらのエネルギー準位を，

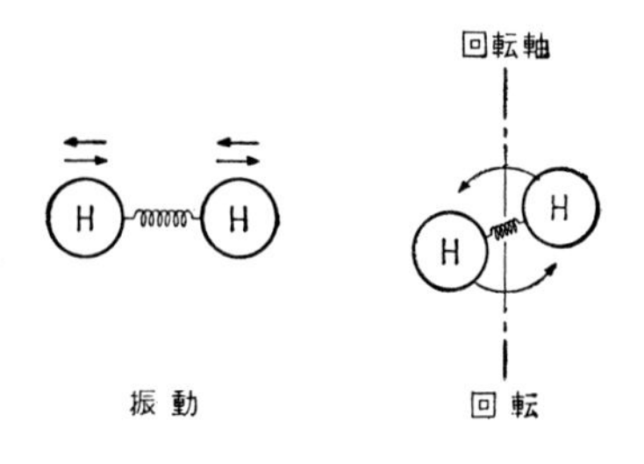

図 3.11．2原子分子の振動のエネルギーおよび回転のエネルギーの説明図．

振動の準位 (vibrational level) および**回転の準位** (rotational level) と名付ける．振動の準位や回転の準位は，一般に電子の最低励起準位よりずっと低い所に存在する．H_2 の場合で言うと電子の準位の最低値は 7.0 V であるが，振動の準位および回転の準位の最低値はそれぞれ 0.52 V および 7.4×10^{-3} V である．N_2 の場合の同様な値は 6.2 V に対し 0.29 V および 2.4×10^{-4} V である．したがって原子と衝突する場合は励起を起しえず，弾性衝突をやるほかないような低速電子でも，分子と衝突する場合は振動の励起や，回転の励起を起こしてその内部エネルギーを高めることによって，非弾性衝突を起こすことが可能である．すなわち原子状ガスの場合より分子状ガスの場合の方が，非弾性衝突，別の言葉で言えば電子エネルギーの損失をおこしやすい．

3.1.4. 負イオンを作る衝突

以上述べた諸現象と全く異なる現象として，電子が気体分子にぶつかった場合そのままくっついてしまって**負イオン** (negative ion) を作る現象がある．この電子付着の現象は He, Ne 等の不活性原子や，Na, K 等のアルカリ金属原子にはおこらない．また一般に金属性原子は，電子付着がおこりうる場合でもその確率は小さく，気体放電において重要な負イオンは，F^-, Cl^-, Br^-, I^- 等ハロゲン族の負イオン，および O^-, O_2^- 等である．N は負イオンを作らない．ハロゲン族の負イオンは

$$Cl_2 + e \rightarrow Cl^- + Cl \qquad (3.15)$$

のように分子の解離を伴なって形成されるもので，この反応の確率は大きい．

図 3.2 や**図 3.10** に示したようなポテンシャルの穴による説明図を用いて，負イオンの形成を説明するにはかなりの無理があるが，**図 3.12** に示すように負イオンを形成しうる原子は，ポテンシャルの穴の周囲に深さ qV_a なる外堀があると考えたらどうであろうか．そして外部から飛来した電子がこの外堀に落ちこんでしまうと，負イオンが形成されるのであり，付着確率の大小は外堀の形の如何によって定まると考えるのである．ただし，この外堀は原子内の電子が電離をおこして遠方に飛び去る途中，この中に落ち込んでしまうようなことのない特殊な堀であると考えなければならない．外堀の深さ qV_a は**電子親和力** (electron affinity) と呼ばれ，**表 3.2** に示すような値を持つ．これらの値

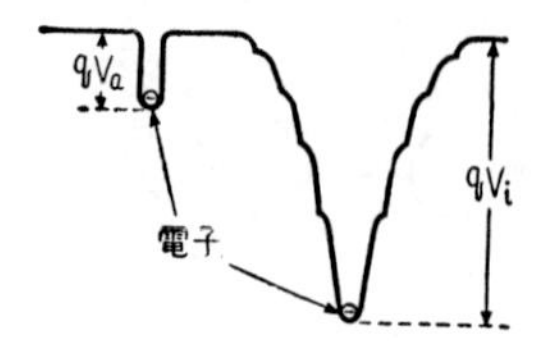

図 3.12. 負イオンの説明.

表 3.2. 原子の電子親和力

原子	H	O	F	Cl	Br	I
電子親和力 (eV)	0.74	1.0	2.9	3.1	3.7	3.2

のうち H の値は確かであるが，その他はやや不確かな点があるようである．負イオンに qV_a なるエネルギーが外部から与えられると，外堀に落ち込んでいた付着電子が自由の身に解放され，負イオンは電子と原子に解離する．これは原子の電離の現象によく似ている．

行動が敏捷で，かつ原子を電離する力の大きい言わば“あばれもの”の電子は，負イオンの形成によって分子にとらえられて，その行動を束縛されてしまうので，負イオンは気体の絶縁破壊や，電子と正イオンの再結合の現象に大いに関係がある．それらのことについては後で説明しよう．

3. 2. その他の組合せの衝突

3. 2. 1. イオンと分子（または原子）との衝突

イオンも十分大きい運動のエネルギーを持って気体分子に衝突する場合は，

これを電離することができる．しかし一般に電離空間においてイオンの衝突による電離の数と電子の衝突による電離の数とを比較すると後者が圧倒的に多く，前者は省略してさしつかえない．その理由は次のように考えれば理解できるであろう．質量 m_i，速度 v_i なるイオンが速度0なる分子に中心衝突(弾性衝突) をするときの式 (3.6) に相当する式は，その計算にならって

$$\frac{1}{2}m_m v_m'^2 = \frac{4m_i m_m}{(m_i+m_m)^2}\cdot\frac{1}{2}m_i v_i^2 \tag{3.16}$$

イオンと分子が同種類 (たとえば A と A^+ のように) のときは $m_i=m_m$ とおけるから

$$(1/2)m_m v_m'^2 = (1/2)m_i v_i^2 \tag{3.17}$$

となる．すなわちイオンは中心衝突によって全エネルギーを失う．実際には中心衝突は少なくて斜の衝突が多いから，平均すると1回の衝突によって全エネルギーの約 $1/2$ を失うであろう．したがって式 (3.7) に対応して $\delta=1/2$ とおくことができ，電子の場合に比較してエネルギー損失は格段に大きい．また式(2.74)，(2.77) からわかるように λ_i は λ_e の数分の1の大きさであるから，イオンの衝突の頻度は電子のそれの数倍である．この二つのことから考えて，気体内においてはイオンの運動のエネルギーを高めることは電子の運動のエネルギーを高めることよりもずっとむずかしいということがわかるであろう．したがって電離はほとんど電子の衝突によって起こるのである．

イオンの衝突による電離が重要となる場合としては

(1) 電子がなくてイオンと分子だけから成り立っている空間における電離

(2) 放射性元素から放射される α 粒子 (これは He^{++} である) が気体内に突入してきて気体分子を電離する場合

等をあげることができる．

イオンと分子の衝突に関し，あげておかなければならない興味ある現象は**電荷交換** (charge transfer) の現象である．それは衝突の際に分子からイオンに電子がうつり，その結果イオンが中性の分子となり，反対に分子が電子を失ってイオンとなる現象である．すなわち次のような反応である．

$$H^+ + Xe \rightarrow H + Xe^+ \tag{3.18}$$

$$A^+ + A \rightarrow A + A^+ \tag{3.18.1}$$

この２つの例で式 (3.18) の方はたしかに衝突の結果変化がおこったことが認められるが，式 (3.18.1) の方は電荷の転移が起こっても結局は A と A^+ が１個ずつできるから衝突前と何ら変わりないように思われる．しかし衝突の前にA^+ の速度が早く，A の速度が遅かったとし，かつ，衝突の際，イオンと分子の軌道が適当に離れていてエネルギーの転移がほとんどない場合を考えると

$$\text{速い}A^+ + \text{おそい}A \rightarrow \text{速い}A + \text{おそい}A^+ \tag{3.19}$$

となり，衝突の結果イオンの速度が低下することとなるのである．すなわちエネルギーの転移がないにもかかわらず，結果としてイオンの減速が行なわれるのであって，このことは3.6節で述べるイオンの電界方向の流れの速度（駆動速度）に関係があることは容易に理解できるであろう．

3. 2. 2. 分子の相互の衝突

分子相互の衝突の場合でもその相対速度の大小によって弾性衝突や非弾性衝突がおこることは，今までの説明の場合と同様である．したがって，気体の温度 T が低い間は専ら弾性衝突が行なわれているが，T が高くなってくると非弾性衝突がおこってくるであろう．そして T が十分高くなると電離もおこるようになるであろう．それならば気体がどのくらいの温度になったら分子の相互の衝突による電離がおこるようになるかということの大ざっぱな見当をつけてみよう．

衝突直前の２つの分子の中心を結ぶ方向を x 方向とすると，v_x による運動のエネルギーの平均は式 (2.51) により

$$(1/2)m_m\langle v_x^2\rangle = (1/2)kT \tag{3.20}$$

したがって衝突に際して作用しあうエネルギーの合計はこれの２倍，すなわち kT である．そこで

$$kT > qV_i \tag{3.21}$$

となれば衝突の結果電離のおこるということが可能になるであろう．もちろん分子の速度はマクスウェル分布をしているから，気体が常温の場合でもたくさんの分子の中にはきわめて小数であるが電離を起こしうる程度に大きい運動のエネルギーを持っているものがあるわけである．しかし，その数は実際上０と

みてよいぐらい小さいのであって，電離が相当程度起こるようになるためには T が式 (3.21) を満足する程度に高くなることが必要であろうと思われるのである．

以上の説明から了解できるように，全然電圧を加えずに，単に温度を高めるだけで気体を電離することができるのである．このような電離を**熱電離** (thermal ionization) という．ところで高温気体内での電離の現象は単に上に説明したような分子相互の衝突によるものだけではなく，その結果生じたイオンや，電子も高温度となって分子と衝突して電離をおこすわけであるし，またその中ではイオンと電子の衝突による再結合も行なわれているから，全体の現象は非常に複雑なものであり，したがってその理論的とり扱いも簡単ではないのであるが，問題を，平衡状態における電離度という問題に限定するならば電離や再結合の機構に全然ふれずにこれを解くことができる．インドの天体物理学者サハ (Saha) は天体内の現象の研究のためにこの問題を解き，1920年に発表した．我々と同じ東洋人の先輩の業績をしたう意味をもふくめて彼の解法を説明しよう．

熱電離に関連する現象は上にも説明したように簡単なものではないが，その平衡状態というものは要するに

$$\text{分子} \rightleftarrows \text{イオン} + \text{電子} \tag{3.22}$$

なる可逆反応の平衡状態によって決定する．ところで我々はこれに非常によく似た現象に化合物の高温度における熱解離，すなわち NO を例にとると，

$$\mathrm{NO} \rightleftarrows \mathrm{N} + \mathrm{O} \tag{3.23}$$

となる現象を知っている．そしてこの現象の平衡状態についてはいわゆる**質量作用の法則** (law of mass action) が成立することを知っており，これを用いて平衡状態における解離度と温度との関係を求める方法も確立している．したがってこれらの知識をよく勉強した後，式 (3.22) と式 (3.23) の類似性をよくにらんで当面の問題に臨むならば，この問題を解き明かすことは十分可能であろうと考えられる．このように問題を解く筋道が確立すれば問題はすでに9分どおり解決したものとみてよい．おそらくサハはいろいろの苦心の末，このようなアイディアに達したものと思う．

さて質量作用の法則が式 (3.23) の平衡状態についてどのようなことを言っているかを説明しよう．気体の占める体積を V とし，その中にある NO, N および O の数をそれぞれ $N_{\mathrm{NO}}, N_{\mathrm{N}}$，および N_{O} とすると，←方向の反応の速度 ψ は N と O の密度の積に比例するから

$$\psi=C(T)(N_{\mathrm{N}}/V)(N_{\mathrm{O}}/V) \tag{3.24}$$

ここで $C(T)$ は温度だけの関数である．次に→の方向の反応速度，すなわち，NO の解離速度 ψ' は NO の密度に比例するから

$$\psi'=C'(T)(N_{\mathrm{NO}}/V) \tag{3.25}$$

ここで $C'(T)$ も温度だけの関数である．平衡状態においては2つの反応の速度がつりあうから，$\psi=\psi'$ とおけて

$$\frac{(N_{\mathrm{N}}/V)(N_{\mathrm{O}}/V)}{(N_{\mathrm{NO}}/V)}=\frac{C'(T)}{C(T)}\equiv K(T) \tag{3.26}$$

となる．ここで $K(T)$ は当然温度だけの関数で**平衡定数** (equilibrium constant) と呼ばれる．この考え方は式 (3.22) の平衡状態にもそのまま適用できるから，上記の場合と同様に気体の体積を V とし，その中にある分子，イオンおよび電子の数をそれぞれ N_m, N_i および N_e とすると，式 (3.26) に対応して

$$\frac{N_i N_e}{N_m}\cdot\frac{1}{V}=K(T) \tag{3.27}$$

を得る．これを電離度 x の式に書きなおしてみよう．電離がまだ全然行なわれていないときの分子の数を N_{m0} とすると

$$x=N_e/N_{m0} \tag{3.28}$$

$$N_{m0}=N_m+N_e \tag{3.29}$$

であり，また当然

$$N_e=N_i \tag{3.30}$$

であるから，式 (3.27) を

$$\frac{(N_e/N_{m0})^2}{(N_{m0}-N_e)/N_{m0}}\cdot\frac{N_{m0}}{V}=K(T) \tag{3.31}$$

と書きなおして式 (3.28) を代入すると

$$\frac{x^2}{1-x}\cdot\frac{N_{m0}}{V}=K(T) \tag{3.32}$$

いま式 (3.22) の反応が等積変化で行なわれると $V=\text{const}$ であるから，N_{m0}/V は熱電離の行なわれる前の分子密度である．これを n_{m0} とすると

$$\frac{x^2}{1-x}\cdot n_{m0}=K(T) \tag{3.33}$$

となる．

次に自由空間でこの反応が行なわれる場合を考えると，この場合は等圧変化であるから，温度が上昇すると気体が膨張し V が変化する．そこで式 (3.32) の V の代わりに，自由空間において一定である圧力 p を用いた式にしておく方が都合がよい．そこで V と p の関係を考えてみよう．平衡状態における全圧 p は分子，イオンおよび電子の各分圧の和であるから

$$p=kT\left\{\frac{N_m}{V}+\frac{N_i}{V}\pm\frac{N_e}{V}\right\}$$

$$=\frac{kT\ N_{m0}}{V}\cdot\left(\frac{N_{m0}+N_e}{N_{m0}}\right)=\frac{kT\ N_{m0}}{V}(1+x) \tag{3.34}$$

この関係を式 (3.32) に代入して

$$\frac{x^2}{1-x^2}\cdot\frac{p}{kT}=K(T) \tag{3.35}$$

その次は $K(T)$ の計算であるが，これは統計力学を用いて計算するのであって，そう簡単には説明できない．そこでここでは結果だけを書くこととするから，興味のある人々はその方の参考書* で勉強していただきたい．$K(T)$ は式 (3.35) の場合は

$$K(T)=2\cdot\left(\frac{2\pi m_e kT}{h^2}\right)^{3/2}e^{-\frac{qV_i}{kT}} \tag{3.36}$$

ここで右辺の最初の 2 は電子のスピンの向きによる縮退によるもので，サハの論文では落ちているから注意されたい．したがって

$$\frac{x^2}{1-x^2}\cdot\frac{p}{kT}=2\left(\frac{2\pi m_e kT}{h^2}\right)^{3/2}e^{-\frac{qV_i}{kT}} \tag{3.37}$$

---

*たとえば岩波講座，現代物理学，統計力学（中）第 7 章．

これが有名なサハの熱電離の式である．定数の数値を代入すると

$$\frac{x^2}{1-x^2}p(\mathrm{mmHg})=5.0\times10^{-4}\,T^{5/2}\,(^\circ\mathrm{K})\,e^{-\frac{qV_i}{kT}} \tag{3.38}$$

となる．この式は $e^{-\frac{qV_i}{kT}}$ を含むから，T がだんだん上昇して kT が qV_i の程度となると，x が急増することを示すもので，前に行なった大ざっぱな見当が間違いでなかったことがわかる．**図 3.13** は $V_i=15$ V (N の V_i に近い)，$p=760$ mmHg の場合について T と x との関係を示したものである．この計算から約 3×10^4 °K となると N はほとんど完全に電離することがわかる．このように電離度 x は求まったが，この x を求める方法は電離や再結合の実際の機構には全然ふれない統計力学的な方法であるから，これ以上の知識をこの方法から求めることはできない．たとえば平衡状態に達するまでの時間を求めるというようなことに対しては，この方法は全く無力なのである．

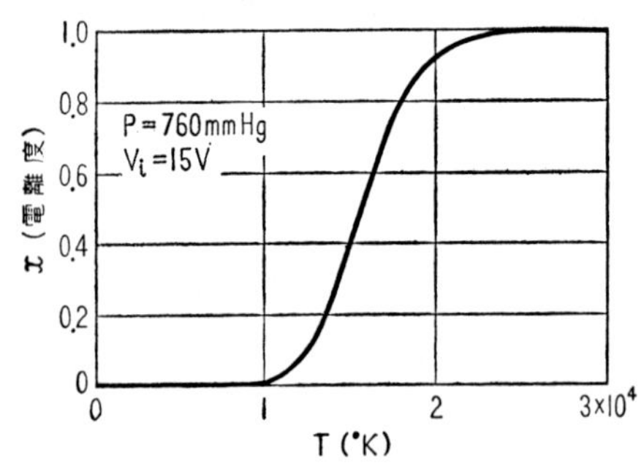

図 3.13. 気体の温度と電離度との関係．

以上の説明で著者は，普通に用いられている等圧変化の場合の式 (3.37) のほかに等積変化の場合の式 (3.33) をも示した．しかし気体の場合は温度を数千度以上にも上げて，しかもこれを一定体積内におしこめて平衡状態に保つことは容易なことではないから，実際には等積変化の式を用いるような場合は，まずないと考えてよい．しかし，もし V_i が 0.1 V というような小さい値である気体があるならば，常温においても kT は qV_i よりそれほど小さくない値となるから常温でも熱電離がおこるはずで，したがってこの気体を一定容積の容器内に入れておけば等積変化による熱電離の実験ができるであろう．これは一つの仮想であるが，実際にこれに非常によく似た現象が**不純物半導体** (impurity semiconductor) 内でおこっているのである．式 (3.33) を書き

なおすと

$$\frac{(x\,n_{m0})^2}{(1-x)\,n_{m0}}=K(T) \tag{3.39}$$

となり，等積変化の場合は $x\,n_{m0}=n_e$ であるから

$$\frac{n_e^2}{n_{m0}-n_e}=2\left(\frac{2\pi\,m_e\,kT}{h^2}\right)^{3/2}e^{-\frac{qVi}{kT}} \tag{3.40}$$

となる．この式は不純物密度 n_d，活性化エネルギー E_d なる n 型半導体の伝導帯電子密度 n_e の式*

$$\frac{n_e^2}{n_d-n_e}=2\left(\frac{2\pi\,m_e\,kT}{h^2}\right)^{3/2}e^{-\frac{E_d}{kT}} \tag{3.41}$$

と全く同じ式である．これは半導体は固体であるから当然容積は一定であり，また E_d は小さいから (Ge の場合 0.01 eV) 上記の仮想される場合と全く同じ条件となるからである．すなわち不純物半導体内では常温でも熱電離が行なわれていると言ってよい．このように高温度の天体内の現象として最初に発見された熱電離の現象と，常温における半導体内部の現象とが，ちょっと考えると全く関係のない現象のようでありながら実は全く同じ現象であることがわかるのであって，非常に興味ぶかいことと言わなければならない．

3. 2. 3. 荷電粒子相互の衝突

電子，正イオンおよび負イオンのいろいろな組合せによる衝突で，この場合はいずれも電荷を持っているため，クーロンの静電引力による散乱がおこることは 2.5 節でも述べた．しかし単なる散乱だけでなく，もっと重要な現象もおこる．それは正の荷電粒子と，負の荷電粒子とが衝突する場合におこる**再結合** (recombination) の現象，すなわち

$$e+A^{+}\rightarrow A \tag{3.42}$$

$$O^{-}+A^{+}\rightarrow O+A \tag{3.43}$$

のような現象で，この現象は電荷の消滅をともなうから気体放電において非常に重要である．式 (3.42) を**電子－イオン再結合** (electron-ion recombina-

---

* たとえば 渡辺，半導体とトランジスタ (I)（オーム社），p. 35.

tion)，式 (3.43) を**イオン-イオン再結合** (ion-ion recombination) という．

さてこの2つの形の再結合を比較して，どちらがおこりやすいかを明らかにしておく必要がある．そのためには確率の比較，すなわち再結合衝突の断面積の比較を行なえばよいわけであるが，普通はそれよりも，次に示すような方法で比較することが一般に行なわれている．電子-イオン再結合の場合を考えると，再結合による n_e の減少速度 dn_e/dt とイオンの密度の減少速度 dn_i/dt は等しく，かつそれは電子とイオンの衝突の頻度に比例するから $n_e \cdot n_i$ に比例する．すなわち

$$dn_e/dt = dn_i/dt = -\alpha_e n_e n_i \tag{3.44}$$

ここで α_e は比例係数で**電子-イオン再結合係数** (electron-ion recombination coefficient) または単に**再結合係数** (recombination coefficient) と言われる．右辺のマイナスは次の理由でつけたものである．dn_e/dt は負だからこれをつけないと α_e が負になる．それでも一向さしつかえないが，比例係数などというものは正にしておいた方が数値表作製の場合などに都合がよいから，わざわざマイナスをつけて α_e を正としたのである．

また多くの場合は $n_e = n_i$ とおけるので，式 (3.44) は

$$dn_e/dt = -\alpha_e n_e^2 \tag{3.45}$$

となる．同様にイオン-イオン再結合の場合は，n_{-i} を負イオン密度とすると

$$dn_i/dt = dn_{-i}/dt = -\alpha_i n_i \cdot n_{-i} \tag{3.46}$$

ここで α_i は**イオン-イオン再結合係数** (ion-ion recombination coefficient) である．または単に再結合係数と言われる．再結合の進行速度をまずこのように表わしておけば，2つの形の再結合のおこりやすさの比較は α_e と α_i の数値の比較を行なえばよい．ところで α_e や α_i の測定はなかなかむずかしいので測定データも割合に少ないのであるが，だいたいのところで α_i は 10^{-6} cm^3/sec の程度であるのに対し，α_e ははっきりしないが 10^{-10} cm^3/sec より小さいことがわかっており，$\alpha_i \gg \alpha_e$ であることは確かである．すなわちイオン-イオン再結合の方がはるかにおこりやすい．これは電子の方が負イオンよりずっと高速度なので，正イオンの立場からみると自分の近くに長く滞留している負イオンの方がずっとつかまえやすいためである．

したがって負イオンを作りやすい気体 (O_2, ハロゲンガス等)，またはそれらを含む混合気体の場合においては電子の消滅は電子と正イオンの直接の再結合で行なわれるものより，負イオンを仲介として行なわれるもの，たとえば A と O_2 の混合気体においては

$$\left.\begin{array}{r} e+O_2 \rightarrow O_2^- \\ O_2^- + A^+ \rightarrow O_2 + A \end{array}\right\} \tag{3.47}$$

のように2段階に行なわれるもの，すなわち累積再結合とでも言うべきものの方がずっとおこりやすいのである．それでは負イオンを作らない，ないしは非常につくりにくい気体の場合はどうであろうかというと，この場合は電子-イオン再結合が行なわれるか，またはこの形の再結合がなかなかおこりにくいために電子が空間をあちこち飛び回っている間に結局容器の壁にぶつかって，その表面にとらえられ，器壁の表面を負に帯電し，正イオンを引き付けて器壁の表面で再結合が行なわれる．言いかえれば式 (3.47) の O_2 の働きに相当する働きを器壁の分子が行なうのである．この器壁の表面で行なわれる再結合を**表面再結合** (surface recombination) と言い，これに対称させて電子-イオン再結合や，イオン-イオン再結合のように空間内で行なわれる再結合を**体積再結合**(volume recombination)と言う．体積再結合という言葉は volume recombination の直訳で，著者はむしろ**空間再結合**という言葉を使いたい．**図 3.14** は再結合現象の説明図である．再結合の場合は電離のときに要したエネルギーが逆に放出される．このエネルギー放出は空間再結合の場合は，一般に光子放出の形で行なわれる．すなわち電子-イオン再結合の場合は

$$e+A^+ \rightarrow A+h\nu \tag{3.48}$$

この $h\nu$ はエネルギーが保存されるという考えから当然

$$h\nu = qV_i + K \tag{3.49}$$

ここで V_i は A の電離電圧であり，K は電子の運動のエネルギーである．表面再結合の場合は，放出されるエネルギーは器壁分子に吸収されてその熱エネルギーとなり，器壁をあたためる．

放電管では多くの場合，負イオンを作らない気体が封入されるから，イオン-イオン再結合は省略できる場合が多い．また，電子エネルギーが高いために

電子-イオン再結合も行なわれにくく，したがって表面再結合が断然優勢である場合が多いのである．放電管の理論ではよく再結合は表面再結合だけを考え，他の形の再結合を省略するが，これは以上の考え方に立脚しているのである．

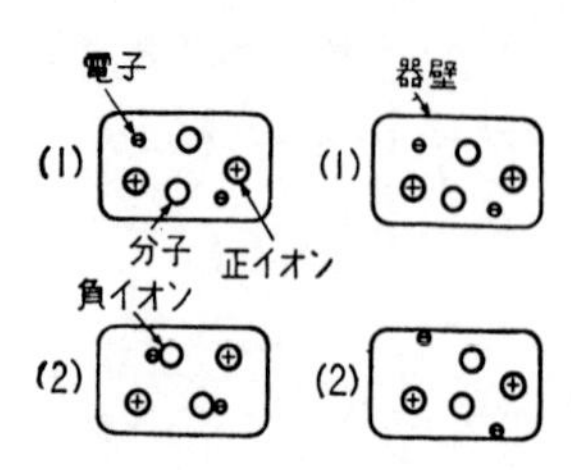

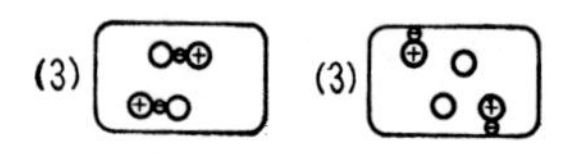

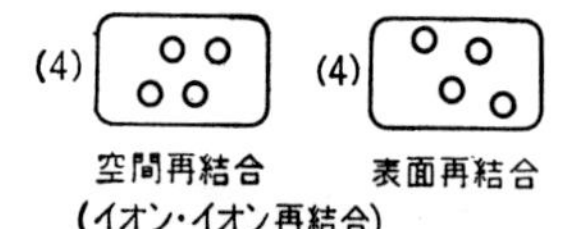

図 3.14. 再結合の説明（数字の順序に進む）.

以上の説明では再結合のおこりやすさを表わすのに，再結合係数というものを用いたが，この方法によらなくても，前にもちょっと言及したように，電離衝突の断面積などの考え方にならって再結合衝突の断面積 σ_r を定義して，これを用いても同じことが行なえるはずである．そこで読者の便宜のために σ_r と再結合係数との関係を明らかにしておこう．電子-イオン再結合の場合について説明する．簡単のためにイオンは静止しているとしよう．そうすると σ_r や α_e は電子の速度 v_e だけの関数である．単位体積あたり dt 秒間の再結合の数は式 (3.44) の dn_e の符号を変えたものであるから

$$-dn_e=\alpha_e n_e n_i dt \tag{3.50}$$

次に同じ量を σ_r を用いて表わしてみよう．電子は dt 秒間に $v_e dt$ だけ進むから，式 (2.65) の考え方にならって 1 個の電子が $v_e dt$ だけ進む間にイオンと再結合をおこす確率は，$n_i \sigma_r v_e dt$ である．ところでいま問題としている空間内に v_e なる速度（正確には v_e と v_e+dv_e の間の速度）を持つ電子が $dn_e(v_e)$ 個あるとすると，それらの電子によって行なわれる再結合の数は $dn_e(v_e)\times n_i \sigma_r v_e dt$ である．したがって全部の電子によって行なわれる再結合の数は，これをあらゆる v_e について積分すればよろしい．すなわち

$$-dn_e=\int_{v_e=0}^{\infty} n_i \sigma_r v_e dt\, dn_e(v_e) \tag{3.51}$$

あるいは式 (2.14) により，$dn_e(v_e)=F(v_e)dv_e$ であるから

$$-an_e=dt\, n_i n_e \frac{1}{n_e}\int_{v_e=0}^{\infty} \sigma_r v_e F(v_e) dv_e \tag{3.52}$$

式 (2.24) によって

$$-dn_e = dt\, n_i\, n_e \langle v_e \sigma_r \rangle \qquad (3.53)$$

したがって，この式と式 (3.50) から

$$\alpha_e = \langle v_e \sigma_r \rangle \qquad (3.54)$$

が得られる．

3. 2. 4. 光子と分子の衝突

今までの説明の所々で，光子の発生が行なわれることを述べた．また，外部からも紫外線，X 線，γ 線等の形で光子が飛来することが当然あるわけである．これらの光子もそのエネルギーが qV_i より大きければ，分子と衝突して電離をおこしうる．これを**光電離** (photo ionization) という．この反応はちょうど式 (3.48) の逆の反応とみることができる．したがって光子のエネルギー $h\nu$ と電離によって発生した電子のエネルギー K との間には式 (3.49) が成立する．この式はまた V_i を φ (仕事関数) と書きかえれば有名なアインシュタインの光電子放出の式となる．さて K は当然正であるから，式 (3.49) から

$$h\nu > q\, V_i \qquad (3.55)$$

あるいは式 (3.11) にならって

$$\Lambda(\text{Å}) < 12,400/V_i(\text{V}) \qquad (3.55.1)$$

を満足するような光子でないと光電離は行なわれない．したがって一番 V_i の低い C_s を電離するにも 3200 Å より短い波長，すなわち紫外線の波長が必要である．このことから可視光線 (4000～7000 Å) は光電離を行なう能力がないことがわかる．一方，光電子放出の方は φ が V_i より一般に小さいために，可視光線の照射によっても十分おこりうるのであって，このことは一つの常識として心得ておくと都合のよいことがあろう．

電子管に用いられるガラスは，石英ガラスのような特殊なものを除いてはだいたい波長 3000 Å 以上の光しか透過させないから，Cs のような特に V_i の低い気体以外は外部から紫外線を照射して光電離を起こさせることはできない．電離層における電離現象は太陽の紫外線によるもので光電離のよい例である．

光子は当然分子を励起することもできる．このとき，光子の振動数と分子の励起エネルギーの吸収との間に鋭い共振現象がある．光は電磁波であるから，このことは電磁波と分子の内部エネルギー準位との間の相互作用と言ってもよい．読者はこの現象が原子時計や，レーザーなどに応用されていることをご承知であろう．

3. 3. プ ラ ズ マ

前2節に説明したようないろいろな現象によって電離気体内には電荷の発生と消滅がしきりに行なわれており，定常状態においては両者のバランスから n_i や n_e が決定している．ところで電離気体内には正の電荷密度と，負の電荷密度とが互いに等しくなろうとする強い傾向がある．この性質のために正負の電荷が打ち消しあって全体として電気的中性が保たれている電離気体を**プラズマ** (plasma) といっている．

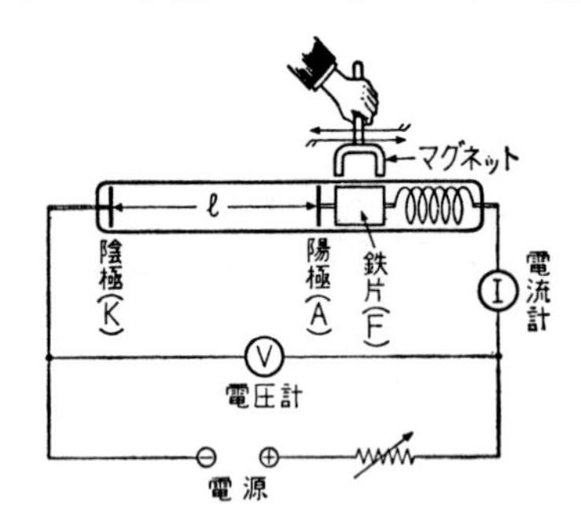

図 3.15．プラズマ内の電位傾度を求める実験．

プラズマ内で正負の電荷がちょうど打ち消し合っているということは次のような実験によって確かめることができる．**図 3.15** に示す放電管は円筒形放電管で陽極 A の位置は鉄片 F を外部からマグネットで動かすことによって自由に動かすことができる．中にはアルゴンが 5 mmHg 封入されている．この放電管の電極間に適当な電圧を加えて放電させると，電極近傍を除いて管内の大部分はちょうど螢光燈のように一様に光るプラズマで満たされる．いま，放電電流を一定値（たとえば 5 mA）に保ちながら A-K 間の距離 l を変化させ，l と A-K 間の電位差の関係を測定すると **図 3.**

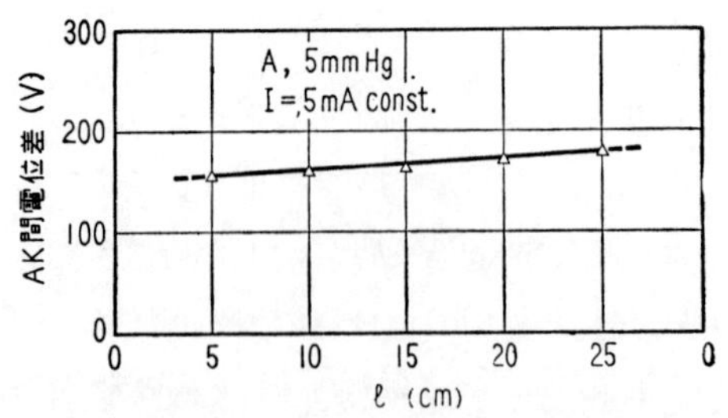

図 3.16．プラズマ内の電位傾度の測定例．

16のようになる．lを5cmより小さくしなかったのは，Kの近くでは，プラズマ状態でなくなるので測定から除外したのである．さて容易に理解できるように，このようにして得られた電位差曲線の傾斜は，プラズマ内の電位傾度を示す．そして測定結果は電位差曲線が直線，言いかえれば電位傾度が一定であることを示している．すなわち管軸の方向を z の方向とすると

$$dV/dz = \text{const}, \quad d^2V/dz^2 = 0 \tag{3.56}$$

一方，電磁気学の基本式によってρを**空間電荷密度** (space charge density) とすると

$$d^2V/dz^2 = -4\pi\rho \tag{3.57}$$

であるから $\rho=0$ が得られる．そして，$\rho=\rho_+ - \rho_-$ （ρ_+, ρ_- は正負の電荷密度）であるから，$\rho_+=\rho_-$ であることがわかるのである．

次に，なぜこのように正負の電荷がちょうど打ち消し合う状態となるかを説明しよう．ちょっと考えると電離の場合にもまた再結合の場合にも必ず $+q$ と $-q$ が1対となって発生したり消滅したりするわけだから，正負の電荷が等量存在するということは，当然であることと思うかもしれない．それもある程度は間違いでないが，そう簡単に考えてはいけない．それは発生するときは確かに $+q$ と $-q$ が1つずつ発生するが，それから後は電子とイオンとは全く別々に行動するわけで，熱運動の速度の点でも両者は非常な違いがあるし，電界に対しては両者が全く反対の方向に加速されるから，部分的には正の電荷の勝った所や負の電荷の勝った所，言いかえれば正の空間電荷のある部分や，負の空間電荷のある部分ができる可能性が十分あるからである．しかしよく考えてみると，このようにして偶然にできた正負の空間電荷は互いに引きつけあって中和しようとするはずである．すなわち**図 3.17**に示すように両方の間に引き合うような電界が発生し，この電界は両者の中和が完了すると共に消滅する．このように偶然にできた正の空間電荷と負の空間電荷が，互に引き合って中和しようとすることがプラズマの電気的中性を保とうとする性質の本質

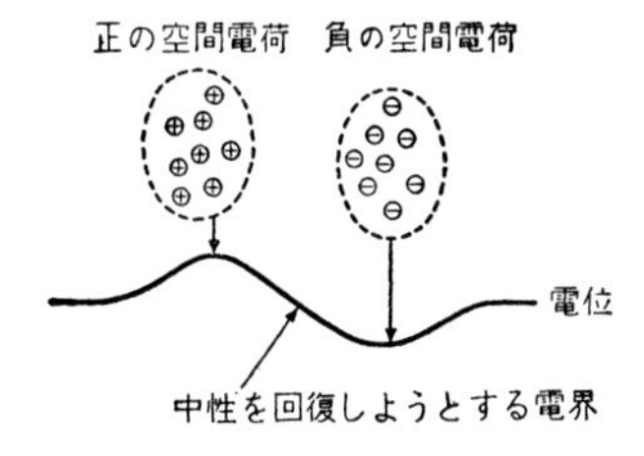

図 3.17. プラズマが電気的中性を保とうとする傾向を持つことの説明．

である.あたりまえのことだと考える読者もあろうが,正にそのとおりである.

次にもう少しこの性質を明らかにするために数式を用いて説明しよう.取り扱いを簡単にするために負イオンはなく,正イオンは1価のイオンだけとする.そうすると

$$\rho_-=qn_e,\ \rho_+=qn_i \tag{3.58}$$

したがって $\rho=0$ のときは

$$n_e=n_i \tag{3.59}$$

この条件は今後この章の終りまでずっと用いるから記憶しておいてもらいたい.いま,y,z 方向には一様で,性質の変化は x 方向だけにおこるようなプラズマを考えよう.またイオンは静止しており,電子だけ動けると仮定する.そしてその中で図 **3.18** に示すように,$2d$ の幅の間だけ電子が多すぎて中性がくずれ,$q\Delta n_e$ なる負空間電荷密度が存在するとする.そうすると式 (3.57) および式 (3.58) によって

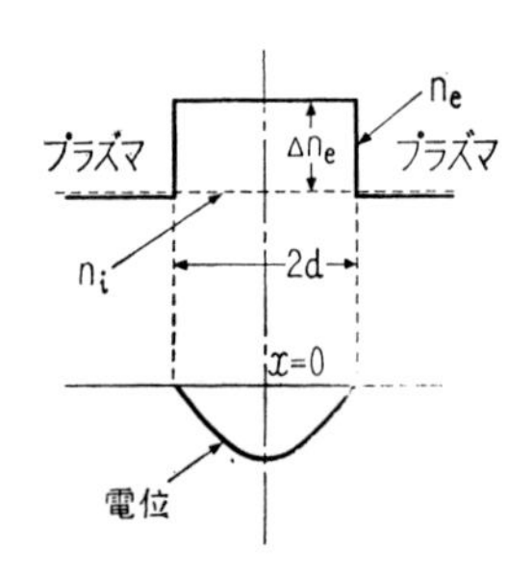

図 3.18. デバイの長さの説明.

$$\frac{d^2V}{dx^2}=4\pi q\Delta n_e$$

であるから $x=0$ で $V=0,\ dV/dx=0$ としてこれをとくと電位の式として

$$V=2\pi q\Delta n_e x^2$$

したがって $x=d$ における電位 V_d は

$$V_d=2\pi q\Delta n_e d^2 \tag{3.60}$$

これだけの準備をしておいて,次にこの Δn_e なる中性からの ずれ が自然に回復できるものであるかどうかを考えてみよう.

式 (2.51) に示すように,電子の x 方向の速度成分による運動のエネルギーの平均は $(1/2)kT_e$ である.ここで例によってだいたいの見当をつけるために大胆な近似を用いることとし,電子の速度分布はマクスウェル分布でなく,すべての電子の $(1/2\,mv_x^2)$ が $(1/2\,kT_e)$ とそう違わないとする.そうすると,幅 $2d$ なる空間電荷層内の過剰電子は,その熱エネルギーがどうであろうともすべて V_d なる電位差によって加速されて外側に出ようとする反面,外側の電

子は，

（i） $(1/2)\,kT_e < |qV_d|$ なら熱エネルギーが小さいために V_d なる電位差に負けて，内側に進入できないが，

（ii） $(1/2)\,kT_e > |qV_d|$ なら熱エネルギーの方が勝って内側に進入できる．したがって，（i）の場合は過剰電子は一方的に減少して中性を回復するが，(ii）の場合は負空間電荷はくずれないで保たれる．

結局（i），（ii）の境目

$$(1/2)\,kT_e = |qV_d| = 2\pi q^2 d^2 \Delta n_e$$

が中性の回復が行なわれるか，行なわれないかの境目となる．言いかえれば，

$$2d = 2\cdot\left(\frac{kT_e}{4\pi q^2 \Delta n_e}\right)^{1/2} \tag{3.61}$$

が空間電荷層の存在可能の最大限である．次に $\Delta n_e/n_e$ で中性からの ずれ の程度を表わすこととし，極端な場合としてそれが1の場合，すなわち $\Delta n_e = n_e$ の場合の d を h_0 とすると，h_0 はプラズマの性質によって定まる定数で

$$h_0 = (kT_e/4\pi q^2 n_e)^{1/2} \tag{3.62}$$

であるから，式 (3.61) と組み合わせて

$$\Delta n_e/n_e = (h_0/d)^2 \tag{3.63}$$

を得る．この式は Δn_e は d が h_0 の 10 倍であるときは，1％以内に，100 倍であるときは 0.01％ 以内におさえられることを示す．このように $d \gg h_0$ であればプラズマと認めることができるのである．反対に $d \simeq h_0$ であれば中性からの ずれ は非常に大きくなることができて，もはやプラズマと認めることはできない．このようにプラズマとみとめることができるかどうかということは，取り扱う対象物の大きさが h_0 よりも非常に大きいかどうかによって定まるもので，この意味で h_0 は電離気体の研究の上に非常に重要な値である．そこで最初にこの考え方を発表した人の名をとって h_0 を**デバイの長さ** (Debye length) という．h_0に数値を代入すると

$$h_0(\mathrm{cm}) = 6.90\{T_e(^\circ\mathrm{K})/n_e(\mathrm{cm}^{-3})\}^{1/2} \tag{3.64}$$

T_e を 10^4°K とすると $n_e = 10^8, 10^{10}, 10^{12}$ に対して $h_0(\mathrm{cm}) = 6.9\times10^{-2}$, 6.9×10^{-3}, 6.9×10^{-4} となり，かなり小さい値である．したがって特別の場合を除いては放電管の内部ではプラズマであるとしてさしつかえない．

次に実際のプラズマについてその温度と密度のだいたいの値を示すと表 3.3 のようになる．このように電離度は一般に低いのである．また低気圧放電の場

表 3.3. プラズマの温度と密度

	T_e (°K)	T_i (°K)	T_m (°K)	n_e (cm^{-3})	n_m (cm^{-3})
電離層	300	300	300	10^5	10^{14}
低気圧放電	10^4	300～1000	300	10^{10}～10^{13}	10^{14}～10^{17}
大気圧アーク	6000	6000	6000	10^{14}	10^{17}
核融合反応実験炉	10^7 以上	10^7 以上	—	10^{15}	0

合は T_e, T_i, T_m が一致せず，特に T_e は飛び離れて高い．これは初めての人には奇異に感ぜられるかも知れないが，その理由は次節に説明する．

3. 4. 電子温度，イオン温度

空気は酸素と窒素の混合気体であるが，我々は空気の温度を考える場合に酸素の温度と窒素の温度を区別する必要を感じたことはない．両者は当然等しいものとして単に空気の温度として取り扱っている．しかし正確に言うと，そう取り扱ってよいのは酸素と窒素の間に平衡状態が成立しているときだけで，平衡状態となっていない場合は両者の温度が異なることも当然ありうる．このようなことが非常に顕著に現われているのが低気圧放電の場合である．電離気体は何度も言うように電子気体，正イオン気体および分子気体の混合気体であるが，低気圧放電の場合その3成分ガスの温度 T_e, T_i および T_m が一致しないのは，各成分ガスの間に平衡状態が成立していないことを意味する．それならば同じ混合気体でも空気の場合は平衡状態が成立しやすいのに，電離気体の場合は平衡状態が成立しにくいのはなぜであろうか．

この問題を考える順序として各成分気体が別々の温度を持つというような事態は，どのような場合におこるものであるかを考えてみると，

(1) 各成分ガスのエネルギーの受け入れ方，吐き出し方が異なる．

(2) 各成分ガスの間のエネルギー交換がよく行なわれない．

(3) 熱い気体とつめたい気体を混合した直後．

等が考えられる．これら3つの条件のうち，(3) は当然であるから別として，(1)，(2) が成立するときは各成分ガスの温度が等しくない状態で定常状態に

達しうる．人間社会の問題にたとえてみるならば，金持と貧乏人とができるのは，(1) 収入のアンバランスがあり，(2) 両階層の間に経済的な関連性がない場合におこるというようなものである．では，電離気体の場合はどうであるかを考えてみると，条件 (1) は確かに成立している．というのは，まずエネルギー受け入れの方を考えてみると電子やイオンは電界からエネルギーを受取るが分子はそのようなことはできない．次に電子とイオンのエネルギーの吐き出し方を比較してみると（弾性衝突を考えて），式 (3.7) および式 (3.17) に関する説明から明らかなように，両者は非常な差がある．この説明からわかるように分子に比較してエネルギーの受け入れ方の多いイオンと電子の温度は，分子の温度より上昇する可能性があり，そのうちでもエネルギーを吐き出すことのきわめて少ない電子の温度は上昇しやすい．しかも気圧が低いために三者間の衝突の頻度が少ないと条件 (2) も成立して，上記の「可能性」が実現する．これが低気圧放電の場合である．気圧が高くなると三者間の衝突が盛んとなって，三者間のエネルギーの流通が十分よく行なわれるために温度差がならされて3つの温度が等しくなる．これが大気圧アークの場合である．

さて以上の説明によって，低気圧放電においては T_e がなぜ非常に高い値となるかがだいたいわかったと思うから，次に以上の説明を数式化することによって T_e に関する方程式を作り T_e に関する現象をもっとはっきりさせると同時に，T_e を求めてみよう．方程式の立て方はある時間内に受け入れるエネルギーと失うエネルギーとを別々に計算し，定常状態においては両者が等しいとおくのである．このような問題が初等力学の練習問題などと比較して異なる点は，取り扱う物体（この場合は電子）の数が非常に多いことであるが，いかに数が多くてもそれだけで力学の原則が変わるわけはないから，読者が今まで親しんできた質点の力学や，質点系の力学の場合と同じような考え方で問題を処理してゆけばよい．異なる点と言えば，最後に求めたいものは，個々の電子の持つ量でなく，全体の平均であるので，平均のとり方がいろいろ複雑な問題を提供する点である．したがって近似的な考え方を用いて平均のとり方を簡略化するならば，問題は非常に簡単になるのである．以下の計算はこのような考え方に従って進めてゆくこととする．

まず最初に微小体積 ΔV 内にある全電子 $(n_e\Delta V)$ の運動のエネルギーが電界の加速を受けることによって，どれだけ増加するかを考えてみよう．これを計算するにはまず1個の電子が獲得するエネルギーを計算し，これを $n_e\Delta V$ 倍すればよい．そこでまず1個の電子の問題として考えてみよう．電子は空間で分子と衝突しながら無秩序運動をやっているが，その間にもたえず電界の加速を受けているので，次第に電界方向に流されてゆく．この電界方向に流される速度を u_e〔u_e を**駆動速度** (drift velocity) と言う．駆動速度については3.6 節に詳しく説明する．〕とすると Δt 秒間には電子は電界方向に $u_e\Delta t$ だけ移動するから，

仕事＝力×(力の方向に動く距離)

という力学の公式に従って1個の電子が Δt 秒間に得るエネルギーは，電界強度を E とすると $qE\times u_e\Delta t$ である．したがって全電子が得るエネルギーを E_1 とすると，E_1 はこれを $n_e\Delta V$ 倍したものだから

$$E_1=q\,E\,u_e\,n_e\,\Delta V\cdot\Delta t \tag{3.65}$$

次に $n_e\Delta V$ 個の電子が同じ時間内に失うエネルギーを計算してみよう．この問題は正確に考えるとむずかしい問題である．それは 3.1 節に述べたようにエネルギーの損失はいろいろな形で行なわれるし，またそのおこる確率は個々の電子のエネルギーに依存するからである．そこで問題を簡単にするために全電子の内から代表選手として全電子の熱運動のエネルギーの平均値 $(\frac{3}{2}kT_e)$ に等しい値の運動のエネルギーを持つものを選び，その電子が失うエネルギーを計算してそれを $n_e\Delta V$ 倍したものが求めるエネルギー損失であるということにしよう．このような考え方は今後もときどき採用するから，これを「1電子の近似法」と呼ぶことにする．さて，この問題の電子は $(3kT_e/m_e)^{1/2}$ の速度を持つから Δt 秒間には $(3kT_e/m_e)^{1/2}\,\Delta t/\lambda_e$ 回分子と衝突する．それらの衝突のうちには弾性衝突もあろうし非弾性衝突もあろう．また非弾性衝突の中にもいろいろな種類のものがあることは，3.1 節で述べたとおりである．したがってそれらがどのような割合で起こっているかがわからなければ，エネルギー損失の計算はできない．ここではこの問題はしばらくあずかることとし，単にこの電子が分子との衝突によって失うエネルギーを衝突回数で割ったもの，

すなわち1回の衝突あたりの平均のエネルギー損失を Q と表わすこととして先に進むこととする．そして Q の内容については別に考えることとする．そうすると，この電子が，Δt 秒間に失うエネルギーは $Q(3kT_e/m_e)^{1/2}\ \Delta t/\lambda_e$ で表わせるから，$n_e\Delta V$ 個の電子が Δt 秒間に失うエネルギーを E_2 とすると

$$E_2=(n_eQ/\lambda_e)(3kT_e/m_e)^{1/2}\ \Delta t\cdot\Delta V \tag{3.66}$$

定常状態では $E_1=E_2$ であるから，式 (3.101) および 式 (3.102) により $u_e=(q/m_e)(\lambda_e/\langle v_e\rangle)E$ であること，および式(2.21)によって $\langle v_e\rangle=(8kT_e/\pi m_e)^{1/2}$ であることを用いて

$$kT_e=\frac{1}{2}\sqrt{\frac{\pi}{6}}\frac{(qE\lambda_e)^2}{Q} \tag{3.67}$$

を得る．この式の右辺において λ_e は 2.5 節の説明でわかっているから，Q の正体がわかれば T_e は求まることとなる．ところで，Q の理論式は簡単に書き下すわけにはいかないので，我々はここでちょっと行きづまってしまう．そこで，ここでいったん停止し，今後の方針を検討するために，Q について今までに得られている知識を検討してみよう．そうすると次のようなことに気がつく．なるほど Q に関する現象は複雑である．しかし T_e があまり高くなくて非弾性衝突のおこる確率が小さく，衝突はほとんどみな弾性衝突であるとみなせる範囲で問題を解くのなら，Q の式として弾性衝突によるエネルギー損失の式がつかえる．すなわち式 (3.9) によって

$$Q=\frac{8}{3}\frac{m_e}{m_m}\left(1-\frac{T_m}{T_e}\right)\cdot\frac{3}{2}kT_e \tag{3.68}$$

今度は T_e の下限をおさえ，低気圧放電のために $T_e\gg T_m$ とみなせる範囲で問題を取り扱うと

$$Q=4\cdot(m_e/m_m)kT_e \tag{3.70}$$

となる．これで T_e の上限と下限がおさえられはしたが，その範囲内では理論的に正しい Q の式を導くことができた．そこでこれを式 (3.67) に代入して，

$$\frac{kT_e}{q}=\frac{1}{2\sqrt{2}}\sqrt[4]{\frac{\pi}{6}}\left(\frac{m_m}{m_e}\right)^{1/2}E\lambda_e \tag{3.71}$$

を得ることができる．式 (2.76) を用いると

$$T_e\left(\frac{k}{q}\right)=0.30\left\{\left(\frac{m_m}{m_e}\right)^{1/2}\lambda_{e1}\right\}\frac{E}{p_0(\mathrm{mmHg})} \tag{3.72}$$

右辺の｛ ｝の中が気体分子の性質によって定まる量である．このように分子の種類が定まれば，T_e は E/p_0 によって決定し，かつ，これに比例する．λ_{e1} を cm, E を V/cm で表わすと，$T_e(k/q)$ はV(ボルト) の単位で求まるから，これに q をかけると kT_e を電子ボルト (eV) の単位で表わしたこととなる．これをエネルギー単位で表わした電子温度と言う．T_e を温度の単位で表わすと非常に大きい数となる場合に，この表示法が用いられる．2つの表わし方の間の数値の換算は次式による．

$$T_e(°\mathrm{K})\longleftrightarrow 11,600kT_e(\mathrm{eV}) \tag{3.73}$$

T_e が E/p_0 によって定まるということの物理的意義は $(E/p_0)\lambda_{e1}$ が $E\lambda_e$ に等しいから T_e が $qE\lambda_e$, すなわち電子が一平均自由行程の距離を飛ぶ間に電界から得るエネルギーによって定まるということである．このように $E\lambda_e$ または E/p_0 はわかりやすい意義を持った量であるので今後もよく用いられる．

さて，このように T_e は E/p_0 に比例するという関係はどの程度の E/p_0 まで成立するかを考えてみよう．それには上記の計算は非弾性衝突が省略できるという仮定に立って導いたものであるから，どの程度の E/p_0 になると非弾性衝突が省略できなくなるかということを考えればよい．電離空間内で行なわれる電子と気体分子との衝突をすべて考えた場合，その中で弾性衝突，励起衝突および電離衝突がそれぞれどのくらいの割合を占めているかということは複雑な問題である．しかしこの問題は重要な問題であるので，Ne について実験によってこれを求めた例を紹介し，これからだいたいの傾向を知ってもらうこととしよう．図 **3.19** がすなわちそれで，電子が電界 E による加速を受けて獲得したエネルギーがいろいろな種類のエネルギー消費にどのような割合で分配されるかを E/p_0 変数として表わしている．気圧を低下させると E/p_0 は増加する．だいたいのところで $E/p_0=100$ V/cm·mmHg のあたりは $p=10^{-4}$ mmHg ぐらい，$E/p_0=1\sim30$ あたりは $10^{-3}<p<1$, $E/p_0<1$ はそれ以上の気圧に対応する．気圧が低くなると陽極加熱が相当な割合となるのは電子が分子と衝突するチャンスが減るため，大きいエネルギーを持って陽極に飛び込

むようになるからである．$E/p_0=3\sim10$ あたりでは励起衝突による損失が大部分である．したがって照明用にはこのあたりを用いるのが能率的である．そして今問題としている「弾性衝突が優勢とみられる範囲」は $E/p_0<1$ どまりである．したがって Ne の場合は $E/p_0<1$ の範囲で式 (3.72) が用いられる．E/p_0 の下限の方はどうかというと，低気圧放電

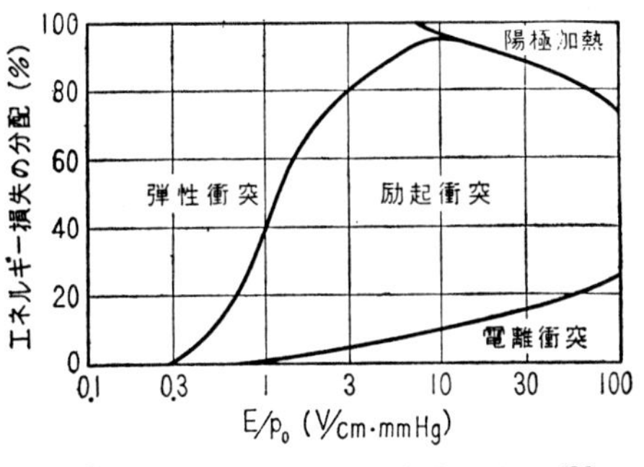

図 3.19. 電子のエネルギー損失の分配（Ne の場合）．

の場合は，実験の行なわれる範囲では $T_e \gg T_m$ は常に成立しているので特に考慮する必要はない．

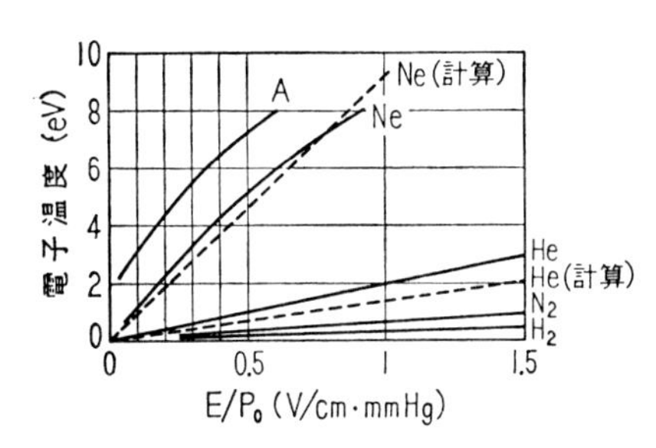

図 3.20. 電子温度と E/p_0 の関係．

ところで上記のような E/p_0 のある限られた範囲では T_e が E/p_0 と比例するという関係が実際に成り立っているであろうか．実験データを調べてみると図 **3.20** の実線のようになっており，このような関係がだいたい成立していることがわかる．

次に式 (3.72) に実際の数値を代入して，この図の中に書き入れてみよう．まず Ne について行なってみる．このことは Ne の m_m と λ_{e1} がわかれば行なえる．前者は付録1の定数表から容易に求まるが，λ_{e1} についてはちょっとばかり説明を要する．それは λ_e は式 (2.72) によって計算できるが σ が図 **2.10**, **2.11**, **2.12** に示すように一定な値でないからである．ここでは次のような近似的な考え方を行なう．図 **3.20** をみると，Ne の T_e は今問題としている $E/p_0<1$ の範囲では 8 eV 以下である．図 **2.11** をみると電子エネルギー（すなわち T_e）が 8 eV 以下のとき，σ は πa_0^2 の3倍以下となっている．そこで σ としてだいたいの平均的な値 $\sigma=2\pi a_0^2$ をとることとする．そうすると n_m(0°C, 1 mmHg) と πa_0^2

は付録の定数表の数値を用いて

$$\lambda_{e1}(\mathrm{Ne})=\frac{1}{3.54\times10^{16}\times2\times0.88\times10^{-16}}=0.16\,\mathrm{cm} \tag{3.74}$$

したがって式 (3.72) は

$$\begin{aligned} kT_e(\mathrm{eV})&=0.30\times(1840\times20)^{1/2}\times0.16\,E/p_0\ (\mathrm{V/cm\cdot mmHg})\\ &\simeq9.2\,E/p_0\ (\mathrm{V/cm\cdot mmHg}) \end{aligned} \tag{3.75}$$

これを**図 3.20** に点線で記入してみると実測値とかなり近い値となっていることがわかる．次に同じことを He について行なってみよう．He の σ も Ne の場合と同じように考えて，**図 2.11** から $\sigma=6\pi a_0^2$ としよう．そうすると式 (3.75) に対応する He の式として

$$\begin{aligned} kT_e(\mathrm{eV})&=0.30\times(1840\times4)^{1/2}\times0.054\,E/p_0\ (\mathrm{V/cm\cdot mmHg})\\ &\simeq1.4\,E/p_0\ (\mathrm{V/cm\cdot mmHg}) \end{aligned} \tag{3.76}$$

実測は $kT_e(\mathrm{eV})\simeq2E/p_0$ であるから，あまりよい一致とは言えないが，まずだいたい合っていると言うことができる．このように理論と実験が相当よい一致を示すことから，我々は，さきに展開した T_e の理論が簡単でありながらミクロの世界の現象の本質をよくとらえているという自信を得ることができるのである．**図 3.20** において A の T_e は原点を通る直線となっていない．これは**図 2.10** からわかるように A の σ は非常に大きく変化するために式 (3.72) の｛ ｝の中を一定とおくことができなくなるからである．逆に言えば，Ne や He の場合，T_e が E/p_0 にだいたい比例しているのは，Ne や He の σ が，そうひどく変化しないためであるということもできる．

次に E/p_0 がもっと大きくなって非弾性衝突がもはや省略できなくなってくると，T_e と E/p_0 の関係はどのようになるかを簡単に説明しよう．Q を電子エネルギーに対する割合で示すことにすると

$$Q=\kappa(3/2)kT_e \tag{3.78}$$

これを式 (3.67) に代入して

$$\frac{kT_e}{q}=\frac{1}{\sqrt{3}}\cdot\sqrt[4]{\frac{\pi}{6}}\frac{E\lambda_e}{\sqrt{\kappa}}=0.49\frac{E\lambda_e}{\sqrt{\kappa}} \tag{3.79}$$

弾性衝突だけとみられるときは 式(3.70) によって

$$\kappa=(8/3)(m_e/m_m) \tag{3.80}$$

なる一定値となり，この値を式 (3.79) に代入したのが式 (3.71) であった．非弾性衝突が多くなってくると当然考えるように衝突によるエネルギー損失が増加し，κ は式 (3.80) の値よりも増加する．したがって T_e の増加傾向は**図 3.21** に示すように鈍ってくる．すなわち T_e に飽和の傾向が現われる．**図 3.20** にもわずかながらその傾向を認めることができるであろう．また同図には N_2 や H_2 のような2原子分子は単原子分子に比べて T_e が低いことが示されている．これは **3.1.3** 節の終りの方に述べたように，2原子分子をふくめて一般に多原子分子は非弾性衝突を起こしやすく，したがって κ が単原子分子の場合よりも大きいためである．

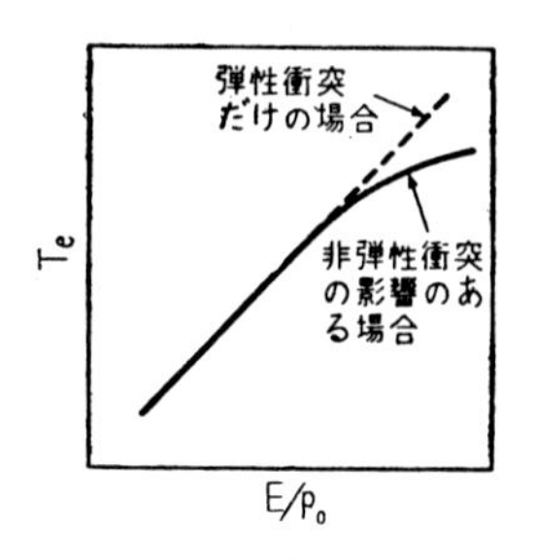

図 3.21．電子温度に対する非弾性衝突の影響．

さて，このように低気圧放電の場合 T_e が数千度ないし数万度になるということは始めての読者には不思議に感ぜられるかも知れない．こんなに温度が高いのにどうして管壁，すなわちガラスが熔けてしまわないのだろうかと考える読者は少なくないであろう．ところで，この疑問に対しては別に新しい説明を加える必要はない．今まで説明したように，数万度の電子ガスと，常温の分子ガスとが共存し得るということは，結局数万度の電子ガスに接するガラス壁温度が常温の程度より上がらないことが可能であるということと同じことである．ガラス壁の温度と T_m とはもちろん容易に平衡に達しうる．したがって放電電流を次第に増し，T_m をガラスの融解点より高くするとガラスがとけることは当然である．

T_e の説明はそのくらいにして T_i の方はどうであるかというと，この方は T_e のように容易に高い温度に上がることはできない．それは **3.2.1** 節に述べたように，イオンは分子と衝突するたびごとにそのエネルギーの大半を失ってしまうからである．したがって T_i は T_m よりそう高い値になることはできないのであって，多くの場合 $T_i \simeq T_m$ とおいてよいのである．

3. 5. 電離空間における電流について

電離空間は多くの荷電粒子をふくむから，それらの移動によって電流を生ずることは当然である．これから簡単な場合について，この電流を説明しよう．

いま考えている電離空間内で T_e は一定であり，また T_i および T_m も同様に一定であるとする．そして外部から磁界は加えず，直流電界 E を加えた場合を考える．交流電界を加えた場合でもその周波数が電子またはイオンの衝突周波数（式 (3.92) 参照）よりずっと低ければ直流電界の場合と同様に考えてさしつかえない．

荷電粒子は電子と1価の正イオンだけとしよう．これらは E によって加速されて移動し，それぞれ**電子電流** (electron current) および**イオン電流** (ion current) を生ずる．したがって電子電流密度を i_e，イオン電流密度を i_i とすれば

$$i=i_e+i_i \tag{3.81}$$

が実際の電流密度* である．プラズマの場合を考え，電子流の流れの速度を w_e，イオン流の流れの速度を w_i とすると

$$i=q\,n_i\,w_i-q\,n_e\,w_e=q\,n_e(w_i-w_e) \tag{3.82}$$

と表わせる．第2項の負の符号は電流の正の方向は電子の動く方向の逆向きにとるならわしに従ったものである．電子はイオンに比べてはるかに軽いために行動が敏捷であるから $|w_e|\gg|w_i|$ とおくことができる．したがって，$|i_e|\gg|i_i|$ であり i_i は省略してもよい．したがって，これからの説明を主として i_e について行なうこととする．

i_i についてあまり説明を行なわないのにはもう1つの理由がある．それは，電子もイオンも共に空間に存在する自由な荷電粒子であり，これらが E の影響を受けて行動するのであるから，その行動は多分に相似的であり，したがって i_e に関する現象がよく理解できれば，i_i に関する現象も容易に類推できるからである．そこで，i_i については単にどのような点が i_e の場合と異なるか

---

* 以下電流はすべて電流密度で表わす．そして特にまぎらわしいときを除いては，いちいち電流密度と書かず，単に電流と書くこととする．

を説明するにとどめることとする.

平衡状態にあるプラズマ内に 1 cm^2 の平面を考える. この面を 1 秒間に一方から他方へ通過する正味の電子の流れの数が i_e を決定する. 今この面を**図 3.22** のように x 軸に垂直な面であるとすると, この面を**図 2.5** に示したような熱運動を行ないながら一方から他方へ通過する電子の 1 秒あたりの数は, x の増加する向きに通過するものも, その逆の方向に通過するものも共に $\frac{1}{4} n_e \langle v_e \rangle$ であり, したがって正味の流れは 0 であることは式 (2.31) のところで説明した. **図 3.22** の (a) はこの有様を示している. このように $i_e=0$ となることは, 平衡状態であるための当然の帰結であった. このプラズマに同図の (b) に示すように x 方向の電界 E を加えると, 電子はどうしても $-E$ の向きの加速を受けるのでその方向の流れが増加し, その反対の方向の流れは減少する. したがって同図に示すような $2\varDelta$ なる正味の流れが生ずるのである. このような状態では, もはやプラズマは平衡状態にあるとは言えない. このような状態, すなわち平衡状態から外れた状態のプラズマを今から取り扱わなければならないのである. そうすると, ここに次のような心配がおこってくる. 我々が第 2 章で学んだ予備知識はすべて平衡状態にある気体に関するものであった. したがって, これらの知識は現在直面しているような平衡状態から外れたプラズマの研究には, 役にたたないのではあるまいか. この疑問は誠にもっともな疑問である. しかし幸なことにその心配はあまりない. それはプラズマ内では衝突が盛んで, そのために平衡状態を回復しようとする強い力が働いているので, 平衡状態からあまりずれることはできないからである. これは, たとえて言えば満員の映画館内で事故が起こった場合, お客が早く外へ出ようとあせっても, もし各自が興奮のあまりむちゃくちゃに行動するならば, 互にぶつかるばかりできわめておそい速度でしか先へ進めないのに似ている. このように E が存在する場合でもプラズマでは近似的に平衡状態とみることができるのであって, このために第 2 章

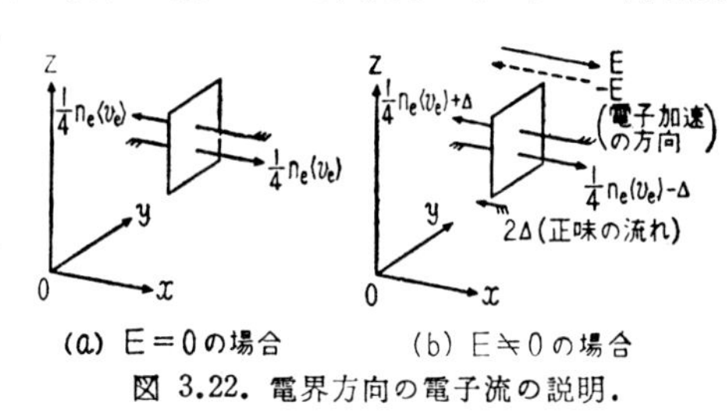

図 3.22. 電界方向の電子流の説明.

で学んだいろいろな式が相当よい近似で成立するのである．言いかえれば**図 3.22** において Δ は $\frac{1}{4}n_e\langle v_e\rangle$ に比べて相当小さい量なのである．

以上のように E によって i_e が生ずるが，$E=0$ の状態においても電子流の発生は可能である．それは電子密度が一様でない場合，密度の高い方から低い方へ流れる現象で，拡散の現象といわれるものである．拡散は普通の気体，すなわち中性の分子から成る気体の基本的な性質としてよく知られている．たとえば静かな室内の一隅にたらした一滴の香水の香りが，反対側の隅にもある時間後に伝わってくるのは，空気内における香水の分子の密度差のために発生する拡散の現象である．同様なことは電子気体やイオン気体の場合にもおこるのであって，その結果，荷電粒子の流れ，すなわち電流が発生するのである．このようにして発生した電流を**拡散電流** (diffusion current) という．これに対して先に述べた E，すなわち電位の傾斜による加速によって生じた電流を**駆動電流** (drift current) という．すなわち i_e は

$$i_e=i_e(dr)+i_e(df) \tag{3.83}$$

のように2つの成分の和として表わすことができる．第1項は電位の傾斜によって発生する駆動電子流であり，第2項は密度の差，言いかえれば密度の傾斜によって発生する拡散電子流である．i_i も同様な2つの成分電流の和として表わされる．今からそのおのおのについて説明するが，まず駆動電流の説明から始めることとしよう．

3. 6. 駆 動 電 流

けい光燈の内部を流れる i_e について考えてみよう．i_e の流れの方向はもちろん管軸の方向である．けい光燈の発光の具合を見ると両端を除いては一様に光っていると言える．T_e が一定の場合，光の強さは n_e に比例するとみてよいから，このことは管軸方向には n_e の傾斜がないことを示している．管軸の方向の電位の傾斜は**図 3.16** に示すような性質のものが存在する．このように n_e の傾斜がなく，電位の傾斜が存在する場合には拡散電流はなく，i_e は駆動電流だけが存在する．今からこのような場合について説明しよう．放電管内の電流はこのような場合が多い．

i_e が駆動電流だけの場合は，式 (3.82) に示した w_e なる電子流の流れの速度は E による加速によって発生した速度である．このような速度を**駆動速度** (drift velocity) という．いま**電子の駆動速度** (drift velocitv of electron) を u_e で表わすと，

$$i_e(dr) = -q\, n_e\, u_e \tag{3.84}$$

となる．したがって $i_e(dr)$ についての研究は (1) n_e についての研究，(2) u_e についての研究の2つに分けて行なわなければならない．ところで n_e がどのようにして決定されるかという問題は，話の順序としてもう少し後で説明した方がわかりよいと思うので，3.9 節で行なうこととし，ここでは u_e の説明だけを行なう．したがって読者は本節の説明と 3.9 節の説明とを合わせて $i_e(dr)$ に関する知識を獲得してもらいたい．

前節にも説明したように，u_e は電子が分子とのはげしい衝突の間々に電界による加速を受け，その方向におし流されてゆく結果生ずる速度である．図 **3.23** はその有様を示している．このような u_e がどのようにして決定されるか，言いかえれば u_e が q とか m_e とかのような我々がすでに知っているミクロな量のどのような関数となっているかというのが当面の問題である．読者の理解を助けるためにミクロの世界をしばらく離れ，我々の親しみの深い現象の中に類似の現象を見つけてみよう．高い塔の上からある物体を落した場合の物体の速度の問題を考えよう．ご承知のように物体の速度は重力の加速度 (g) の働きのためにだんだん増加する．いま物体の質量を M，速度を v，落下した距離を h' とすると，v があまり大きくない間は空気の抵抗は省略できるから，エネルギー保存の法則に従って

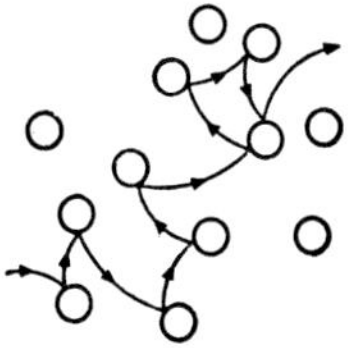

図 3.23．駆動速度の説明．

$$\frac{1}{2}Mv^2 = Mgh' \quad あるいは \quad v = (2gh')^{1/2} \tag{3.85}$$

すなわち v は落下した距離の間の重力のポテンシャルの差の ½ 乗に比例する．この現象は，ちょうど真空管内で電子の速度が電位差による加速を受けて

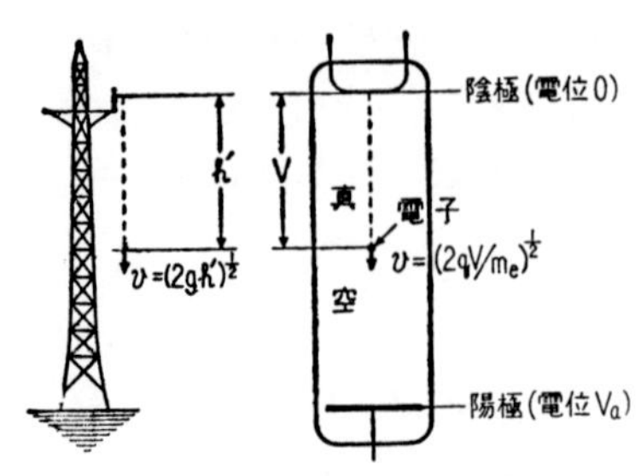

図 3.24. 真空中における電子の速度の説明.

だんだん速くなってゆくのに似ている. **図 3.24** を見てください. 初め静止していた電子が V なる電位差のある2点間を, その加速を受けて飛行した結果獲得した速度を v とすると, 真空の場合は衝突による減速作用が働かないから, 式 (3.85) にならって

$$(1/2)m_e v^2=qV$$

あるいは $v=(2qV/m_e)^{1/2}$ (3.86)

このように速度が電位差によって決定されるのが真空中の電子の速度の特徴である. 数値を入れてみると

$$v(\mathrm{cm/sec})=5.9\times10^7\times\sqrt{V(\mathrm{volt})} \qquad (3.87)$$

すなわち 1V の加速で秒速約 600km に達する.

次に再び物体の落下速度の問題に帰って考えよう. 落下速度は式 (3.85) に従って増加するが, かぎりなく増加するものではない. それは速度が早くなると空気の抵抗, 言いかえれば空気との摩擦が大きくなってきて速度の増加をさまたげるからである. ある速度に達して, ついに重力による加速作用と, 空気の抵抗による減速作用がちょうどバランスするに至って, 物体の速度はいわゆる終端速度に達し, それ以後は速度は増加せず, 一定速度で落下する. その速度を v_t とし, 摩擦力は速度に比例すると仮定して av_t とおくと, これが重力 gM とバランスしているから

$$gM=av_t \quad \text{あるいは} \quad v_t=(M/a)g \qquad (3.88)$$

すなわち v_t は g に比例する. 速度がこのようにして決定されている状態は, ちょうど電子が**図 3.23** に示すような運動を行ないながら駆動速度 u_e を持っている状態によく似ている. すなわち**図 3.25** に示すように u_e は電界によって働く力 qE と, 分子との衝突によって発生するブレーキ作用による力 F とがバランスした状態で決定される. F は当然 u_e が増すと大きくなる性質のものであるから, 式 (3.88) にならって $F=bu_e$ とおくと

$$qE=bu_e \quad \text{あるいは} \quad u_e=(q/b)E \qquad (3.89)$$

すなわち u_e は E に比例するということになる．これからわかるように，駆動速度は一種の終端速度とみることができる．このように速度が電位差によらず，電界強度によって決定されるのが，駆動速度の特徴である．念のためおことわりしておくが，以上の説明から放電管内の電子の駆動速度が真空管内の電子の速度より速いというふうに誤解しないでいただきたい．引用した例題は単に現象の定性的な解説のために用いたのであるから，速度の絶対値は問題にしていない．実際は当然想像されるように放電管内の電子の駆動速度の方が一般におそいのである．

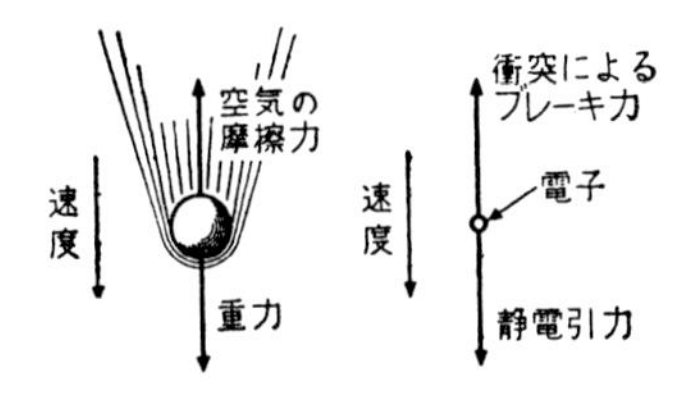

図 3.25. 気体中の電子の駆動速度の説明．

u_e が E によって決定されるということは，以上の説明で誠にもっともなことのように思われる．しかし E の何乗に比例するかはまだわからない．それは式 (3.89) は $F=bu_e$ とおいたためにできたのであって，もし流体の抵抗に関しても速度が速い場合によく行なわれるように，$F=bu_e^2$ とおくならば

$$u_e=(q/b)^{1/2}E^{1/2} \tag{3.90}$$

となる．このように u_e が E の何乗に比例するかは，F と u_e の関係をどう仮定するかによって定まるのである．それでは F と u_e との関係は実際はどのようになっているのであろうか．F の性質を上記のようにマクロ的に考察しているかぎり，この問に対する答は得られない．

この問題を解くにはどうしても我々は，ミクロの世界に立ち入って電子の運動の有様を詳細に観察しなければならないのである．今からそれにとりかかるわけであるが，その前に実測の結果はどのようになっているかを説明しよう．電子の駆動速度はたとえば図 3.26 に示すような装置で測ることができる．どのようにして測るかを次に説明しよう．

測定用の放電管は熱陰極 K と陽極 A との間に 4 枚の格子，G_1, G_2, G_3, G_4 をもっている．そのうち G_2 は K と同電位であり，G_1 は V_1 によってそれより負の電位がかかっているから，K から出た熱電子は G_1 に反発されて G_2 に達することはできない．しかし端子 ab に図 3.27 に示すような正のパルス

を加えて V_1の負電位を打ち消すと G_1 の反発作用はなくなり，電子は，この正パルスがかかっている間だけ G_1 G_2 を通過することができる．すなわち G_1 G_2 は K から出る熱電子に対して静電シャッタの作用を行なうのである．このようにして静電シャッタ G_1 G_2 が一度働くと，G_2 の右側に電子群の一かたまりが放り出される．これを電子雲と呼ぶことにしよう．電子雲が放り出された空間，すなわち G_2 と G_3 の間の空間には V_0 と R_0 によって電子に対する加速電界が働いているので電子雲は気体分子と衝突しながら G_3 に向かって駆動されてゆく．このときの電子雲の速度が，とりもなおさず電子の駆動速度である．さて G_3 に電子雲が到着してみるとここにも G_3 G_4 から成る静電シャッタがあり，常時は V_2 によって閉じているので，電子雲はそれを通過することができず，ぐずぐずしているうちに，いわゆる，雲散霧消してしまう．しかしながら，もし電子雲が G_3 に到着したちょうどそのときに，端子 cd に正パルスを加えて静電シャッタ G_3 G_4 を開いてやれば電子雲はうまくここを通過して無事 A に達し，そのとき陽極回路に入れられたブラウン管オシロスコープに電子の到着を示す波形が現われる．

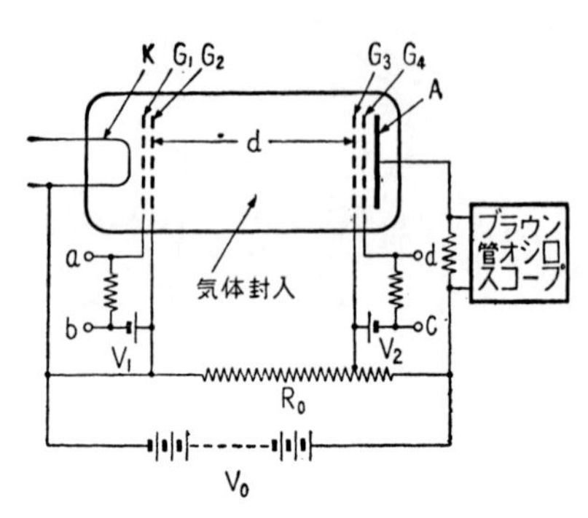

図 3.26．電子の駆動速度測定装置（原理を説明するための略図）．

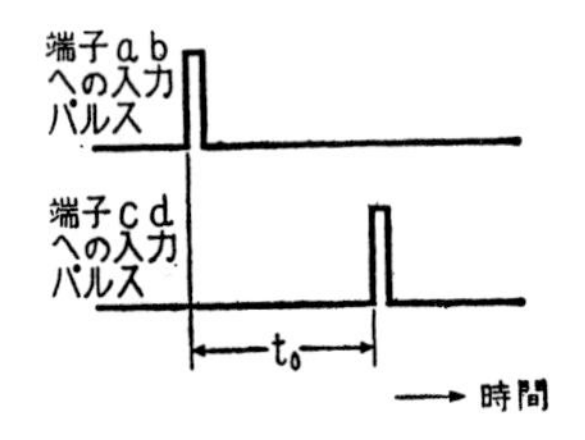

図 3.27．電子の駆動速度測定に用いる電圧パルス．

以上の説明から容易にわかるように，**図 3.27** に示すような t_0 なる時間間隔を持った2つの正パルスをつくり，先のパルスを図 **3.26** の端子 ab に，後のパルスを同図の端子 cd に加えるならば，t_0 がちょうど G_2, G_3 間の電子の走行時間に等しくなったときにだけ電子が A に達しうる．すなわち，t_0 をいろいろに変えてみて陽極回路のブラウン管に電子の到着が読み取れた場合の t_0 を t_0^* とするならば，G_2, G_3 間の距離を d とすると

$$u_e = d/t_0^* \tag{3.91}$$

となっているわけだから u_e が測定される．G_2, G_3 間の電界 E や封入気圧 p_0をいろいろに変えて，このような測定を繰り返すならば，u_e と E および p_0 の関係を知ることができる．

図 3.28 はこのようにして求めた種々の気体中での u_e である．この図では（u_e と E の関係）と（u_e と p_0の関係）を別々に示さず，u_e と E/p_0 の関係として示している．これは式 (3.72) や**図 3.20** において T_e が E/p_0 の関係として表わされたと全く同じ事情によるものであって，E を K 倍すると同時に p_0 を K 倍すれば（すなわち E/p_0 が変わらなければ）u_e は不変であるということが測定の結果わかったからである．このように気体放電の理論においては E や p_0 を単独に変数として取り扱うことは行なわず，E/p_0 を1つの変数として取り扱うことがよくある．なぜ気体放電の諸現象が E/p_0 の関数となるのかということについては 4.2 節に説明する．

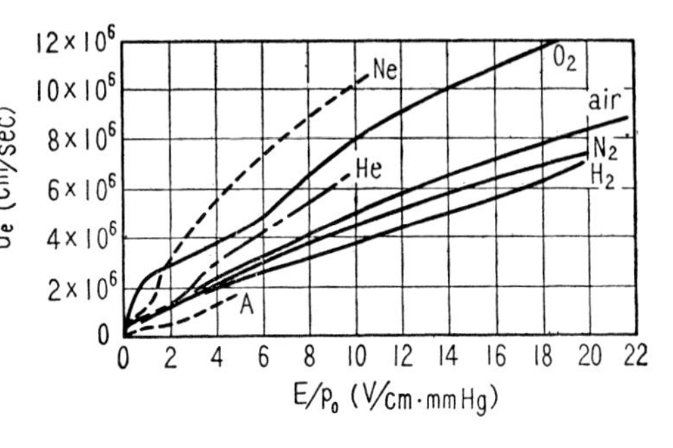

図 3.28．電子の駆動速度．

ここで けい光燈 の内部での電子の駆動速度はどのくらいであるかを調べてみよう．20 W の けい光燈 のプラズマ部分の長さは 50 cm あり，その両端の電位差は約 50 V であるから $E \simeq 1\,\mathrm{V/cm}$ である．封入気体は A と Hg であるが，A の分子密度の方が大きいので p_0 として A の圧力をとることとし，$p_0 = 3\sim5\,\mathrm{mmHg}$ とすると，E/p_0 は 0.2～0.3 の値である．このくらいの場合 A 中での u_e は**図 3.28** によると $2\sim3\times10^5\,\mathrm{cm/sec}$，つまり 2～3 km/sec である．ジェット機の速度よりは大分速いが，光速からみれば非常におそい速度である．

さて**図 3.28** をみると，u_e と E/p_0 の関係は式 (3.89) や式 (3.90) で考えてみたような簡単なものではないことがわかる．すなわち H_2 中における u_e

のようにほぼ E/p_0 に比例するようなものもあれば，O_2 や Ne 中における u_e のように複雑な傾向を示すものもある．u_e のこのような性質を知った我々は，さていよいよ u_e の理論的考察を行ない，その結果，測定結果と一致するような式を得ることができるかどうかを検討する段階となった．

まず簡単な場合からはいることとして，E/p_0 が小さいために非弾性衝突が省略できて，弾性衝突だけを考えればよい場合を取り扱ってみよう．だいたい Ne の場合 $E/p_0<1$ ぐらいならばこう考えてよいことを図 **3.19** に関連して述べておいたが，このように E/p_0 の小さい場合の u_e のデータは図 **3.28** では原点の近くに示されていて明瞭でないので，一例として He の場合の原点付近のデータを拡大して図 **3.29** に示した．この図からわかるように，u_e は $E/p_0<2$ の範囲ではだいたい $(E/p_0)^{1/2}$ に比例するような傾向を持っている．このような関係が果たして理論計算から得られるだろうか．電子は図 **3.23** に示すように気体分子とのはげしい衝突の合間合間に電界方向の加速を受け，$-E$ の方向におし流されてゆくわけであるが，電子の熱運動の速さはいろいろであり，また自由行程もいろいろであるので，このような現象を正確に取り扱うことはかなり複雑な問題である．そこで T_e の計算の場合にならって「1電子の近似法」によることとし，熱運動の速さが $\langle v_e \rangle$ である電子の行動を論ずることとしよう．また自由行程も簡単のためにみな λ_e であるとしよう．そうすると電子が1つの衝突を行なってから次の衝突を行なうまでの時間，すなわち**平均自由時間** (mean free time) t_c は

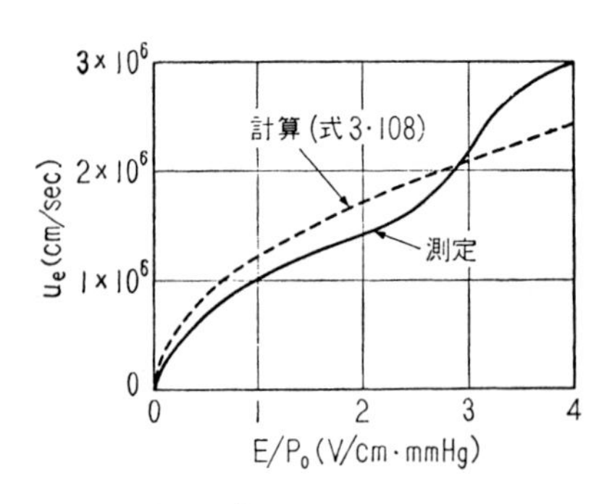

図 3.29. He 中の電子の駆動速度．

$$t_c=\lambda_e/\langle v_e \rangle \tag{3.92}$$

である．$1/t_c$ は1秒間の衝突数であるので**衝突周波数** (collision frequency) と呼ばれる．

次に t_c の間に電子がどれだけ $(-E)$ の方向におし流されるかを考えてみ

よう．いま問題にしている電子が t_c の最初に持っている速度，すなわち衝突直後次の λ_e に向かって出発しようとするときに持っている初速度の $-E$ 方向の成分を v_{0x} とすると，t_c の間その方向の加速度 $q\,|E|\,/m_e$ が働くから，$-E$方向の速度成分 v_{ex} は t_c の最後には $v_{0x}+(qE/m_e)t_c$ に達する．この E は絶対値である．したがって $|E|$ とすべきところだが略して単に E と書いておく．したがって t_c の間の v_{ex} の平均は $v_{0x}+(1/2)(qE/m_e)t_c$ となり，t_c の間に E 方向に進む距離を l とすると

$$l=\{v_{0x}+(qE/2\,m_e)t_c\}t_c \tag{3.93}$$

となる．l は一応このように表わせるが，v_{e0} がまだわかっていないので，これについて考えなければならない．この値は個々の衝突について全くまちまちであるので，例によってその平均をとることにしよう．

衝突直後の電子の速度の向きは電子が分子のどの辺をねらって衝突するかによって左右される．もし分子の中心に向かって衝突するならば，ほとんど入射の方向にはねかえされるであろう．また分子の外周をすれすれにかすめるように衝突するならば，その軌道の方向はほとんど変わらないであろう．さらにまた，ちょうど 90° 向きを変えるような衝突もありうるわけである．図 **3.30** はこれらの説明である．この図からもわかるように衝突後，電子の速度はあらゆる方向を向きうるのであって，当然 v_{e0} は負になることもある．したがって v_{e0} の平均は 0 になるであろうと考えられる．実際，分子を球と考えて v_{e0} の平均を正確に計算してみると 0 になる．そこでこの結果を採用し，式 (3.93) の v_{0x} を 0 とおく．そうすると l の平均 $\langle l\rangle$ は第 2 項そのものとなる．

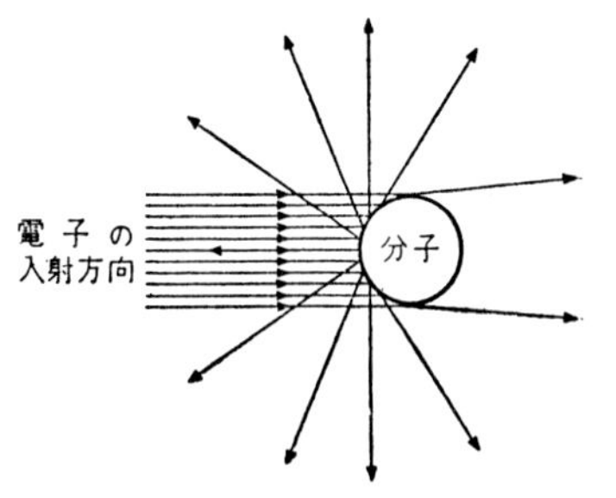

図 3.30．電子が分子に衝突する場合の電子の速度の方向の変化．

$$\langle l\rangle=(qE/2\,m_e)t_c^2 \tag{3.94}$$

1 秒間にはこのようなことを $1/t_c$ 回くり返すわけだから，1 秒間に電界方向に進む距離，すなわち u_e は次のように得られる．

$$u_e = \frac{\langle l \rangle}{t_c} = \frac{q}{2} \cdot \frac{t_c E}{m_e} = \frac{q\lambda_e}{2 m_e \langle v_e \rangle} E \tag{3.95}$$

同じことを u_e が終端速度であることがよくわかるような説明法で説明してみよう．終端速度に達している状態では電界による速度の増加がちょうど衝突による速度の減少とバランスしているから，このことを式で書けばよい．t_c の間の v_{ex} の増加を Δv_{ex} とすると

$$\Delta v_{ex} = (qE/m_e)t_c \tag{3.96}$$

衝突直前の v_{ex} を v_{ex}^* とすると，ちょっと前に説明したように衝突直後の電子の速度は平均をとると0とみられるから，速度の平均を考えるかぎりにおいては衝突によって v_{ex}^* が0となると考えてよい．したがって衝突による v_{ex} の減少 $-\Delta v_{ex}'$ は

$$-\Delta v_{ex}' = v_{ex}^* \tag{3.97}$$

終端速度の状態では式 (3.96) と式 (3.97) は等しいから

$$v_{ex}^* = (q/m_e)t_c E \tag{3.98}$$

今までの説明で容易にわかるように，u_e は t_c の間の v_{ex} の平均，すなわち $v_{ex}^*/2$ であるから

$$u_e = \frac{1}{2} \cdot \frac{q}{m_e} \cdot t_c E \tag{3.99}$$

となり，式 (3.95) と同じ式となる．

このようにして，u_e が式 (3.89) と同じ形で求まったのであるが，式 (3.99) は実際の u_e より少し小さい値を与える．その理由は平均値の求め方が正確でないことによるのであって，次のように説明したらわかると思う．まず，今までの考え方に従い，3つの自由行程（その長さは全部 λ_e）の間の時間と v_{ex} の関係を図示してみると，$v_{0x}=0$ として図 **3.31** の (*a*) のようになる．そして $3t_c$ の間に E 方向に進んだ距離は，斜線を引いた3つの三角形の面積の和で示される．ところで，実際の自由行程はみな λ_e ではなく，それより長いものも短いものもあるわけだから，そのような場合について考えてみるために3つの自由行程が $0.25\lambda_e$，λ_e，$1.75\lambda_e$ である場合を考えてみよう．これでも自由行程の平均はやはり λ_e である．この場合の時間と v_{ex} との関係は熱

運動の速度が (*a*) の場合と同じだとすると，同図の (*b*) のようになり，$3t_c$ の間に E 方向に進んだ距離はやはり斜線を引いた3つの三角形の面積の和で示される．両図を比較してみて容易にわかるように，平均自由行程は両方とも同じでも $3t_c$ の間に E 方向に進む距離は (*b*) の方が明らかに大きい．

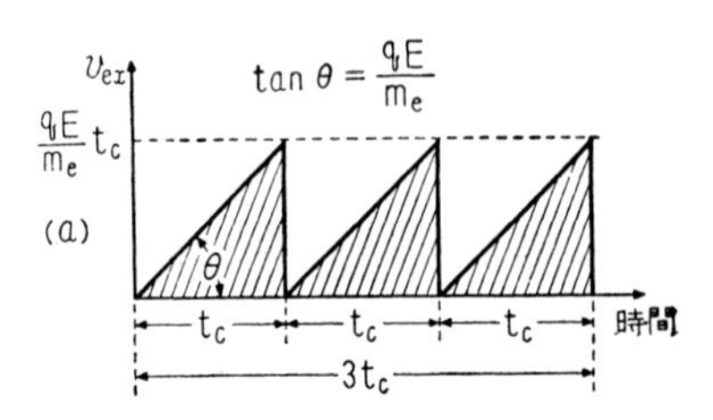

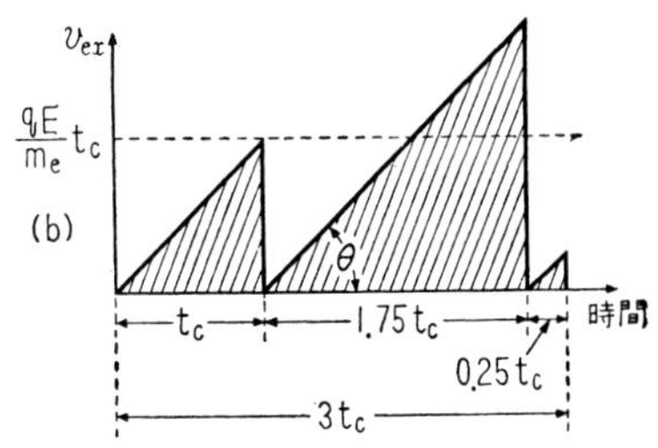

図 3.31．電子の速度の電界方向の成分と時間との関係．

このことをもっと一般的な言葉で言い表わせば，自由行程が一定でないとして計算すると，すなわち 2.5 節に述べたような自由行程の分布を考慮に入れて u_e を計算すれば，自由行程がみな λ_e であるとして計算した場合より大きい値を得る．これは**図 3.31** からわかるように u_e の決定にあたって λ_e より大きい自由行程の影響が優勢を示すからである．

実際に式 (2.69) と式 (2.71) に示したような自由行程の分布を考えて u_e を計算してみると式 (3.99) の2倍となる．すなわち

$$u_e = (q/m_e)t_c\,E = (q\lambda_e/m_e\langle v_e\rangle)E \tag{3.100}$$

これで式 (3.89) で q/b と書いたものは $q\lambda_e/m_e\langle v_e\rangle$ であることがわかった．この係数，すなわち u_e を E に比例するとおいた場合の比例係数には**移動度** (mobility) という名がつけられている．つまり**電子の移動度** (mobility of electron) を μ_e とすると

$$u_e = \mu_e E \tag{3.101}$$

$$\mu_e = (q/m_e)t_c = q\lambda_e/m_e\langle v_e\rangle \tag{3.102}$$

である．式 (3.101) を式 (3.84) に代入すると，式 (3.101) の E は絶対値であり，正しくは $(-E)$ であることを考慮して

$$i_e(dr) = -q\,n_e\,u_e = q\,n_e\,\mu_e\,E \tag{3.103}$$

この式はオームの法則の形をしており，$q\,n_e\,\mu_e$ は電気伝導度である．ところ

で金属内の電流においては電気伝導度は一定であったが，プラズマの場合はそうはゆかない．それは μ_e や n_e が E の関数となっているからである．n_e の問題は 3.9 節にゆずり，ここでは μ_e と E との関係を考えてみよう．この問題はむずかしくない．

式 (3.102) の $\langle v_e \rangle$ は，式 (2.21) によって T_e に結び付き，T_e は式 (3.79) によって E に比例することを用いて容易に次の式を得る．

$$\mu_e = \left(\frac{\pi}{8}\right)^{1/2} \frac{q\ \lambda_e}{(m_e k T_e)^{1/2}} \tag{3.104}$$

$$\mu_e = 0.9\kappa^{1/4} (q/m_e)^{1/2} (\lambda_e/E)^{1/2} \tag{3.105}$$

したがって u_e は式 (3.101)，(2.76) を用いて

$$u_e = 0.9\kappa^{1/4} (q/m_e)^{1/2} \lambda_{e1}{}^{1/2} (E/p_0)^{1/2} \tag{3.106}$$

図 **3.28** では u_e を E/p_0 の関数として示したが，このように計算の結果もやはりそうなっている．弾性衝突だけとみなせる場合には κ として式 (3.80) を用いて

$$u_e = 1.15(m_e/m_m)^{1/4} (q/m_e)^{1/2} (\lambda_{e1})^{1/2} (E/p_0)^{1/2} \tag{3.107}$$

これで u_e と E/p の関係が求まったように思われるが，実はまだ問題が残っている．それはたびたび言うように λ_{e1} が電子エネルギーの（したがって E の）関数であるからである．この関数は簡単な関数形では表わせない．そこで特別な場合として Ne や He のように電子エネルギーによる σ の変化がそうはなはだしくない気体中においては，$\lambda_{e1}=\mathrm{const}$ とみなせるとすると $u_e \propto (E/p_0)^{1/2}$ の形，すなわち式 (3.90) の形が得られる．He の場合について式 (3.107) を計算した結果

$$u_e(\mathrm{cm/sec}) = 1.21\times10^6 \{E(\mathrm{V/cm})/p_0(\mathrm{mmHg})\}^{1/2} \tag{3.108}$$

を図 **3.29** に点線で示した．このように $E/p_0<2$ の範囲では測定と計算が相当によい一致を示している．このことから，この範囲では弾性衝突が優勢とみてよいことがわかる．E/p_0 がこれ以上になると u_e の増加の傾向は測定が計算をずっと上回る．これはもはや非弾性衝突が省略できなくなり，κ が急増するので式 (3.106) に従って u_e が増加するものと考えれば解釈がつく．しかし非弾性衝突が優勢の場合の u_e の計算は κ の計算が容易でないために困難

であるので，単に上記のような定性的説明にとどめざるをえない．つまり非弾性衝突のために T_e の増加がおさえられ，言いかえれば熱運動のはげしさがおさえられるために電界方向へそれだけ進みやすくなるのである．その結果，図 **3.28** に示すような結果となる．これをみると，$0<E/p_0<20$ といった広い変域にわたっての u_e の実験式としては，すこし乱暴ではあるがむしろ $u_e \propto E/p_0$ とおいた方が実際に近い．N_2 や H_2 の場合は特にそうである．

我々は以上の計算をやるにあたって，3.5 節において述べたように電子流の流れの速度が電子の熱運動の速度に比べて非常に小さいから，プラズマは近似的に平衡状態にあるとみてよいと仮定した．密度一様のプラズマでは流れの速度は u_e に外ならないので，u_e の値がわかった現在，果たしてこの仮定が許せるものであるかどうかを確かめることは可能である．これを行なうために $u_e/\langle v_e \rangle$ の値を調べてみよう．式 (3.102) により

$$u_e/\langle v_e \rangle = (q\lambda_e/m_e\langle v_e \rangle^2)E$$

これと式 (2.21) および式 (3.79) から

$$u_e/\langle v_e \rangle \simeq 0.80\sqrt{\kappa} \tag{3.109}$$

弾性衝突が優勢の場合は式 (3.80) によってこの値は相当小さい値である．つまり，$\langle v_e \rangle \gg u_e$ とおけるわけで，初めの仮定と矛盾しないことがわかる．

このようにして大方の読者には未知の世界であった u_e の正体を相当くわしく見きわめることに成功した．新たな知識を獲得したときの喜びは大きいものである．特にもしそれがたとえ小さいことであっても，人類にとって未知の問題を明らかにすることができたときの喜びは非常なものである．途中の困難が大きければ喜びはいっそう大きい．それは探検家が人類未踏の地を探検するときの喜びに相通ずるものがあると思う．学問研究を志す諸君の前途にはこのような楽しみが待っているのである．

u_e の問題をこれで終り，次に**イオンの駆動速度** (drift velocity of ion) u_i の説明にうつる．まず u_i の測定法であるが，これは u_e の測定と同じ原理で行なえることは当然である．たとえば図 **3.26** の装置で熱陰極の代わりにイオン源を用い，電位の極性を全部逆にすればそのまま u_i の測定装置となる．図 **3.32** は u_i の測定結果の例で E/p_0 との関係を両対数目盛で示してある．

点線で示す直線 a, b は E/p_0 の小さい所，および大きい所で測定値に引いた2つの接線で，それぞれ 45° および 26° の傾斜を持っている．このことはたとえば He の場合

$$E/p_0<10 \quad \text{の場合} \quad u_i \propto E/p_0 \tag{3.110}$$

$$E/p_0>60 \quad \text{の場合} \quad u_i \propto (E/p_0)^{1/2} \tag{3.111}$$

となり，$10<E/p_0<60$ の間で両者の移り変わりが行なわれることを示す．

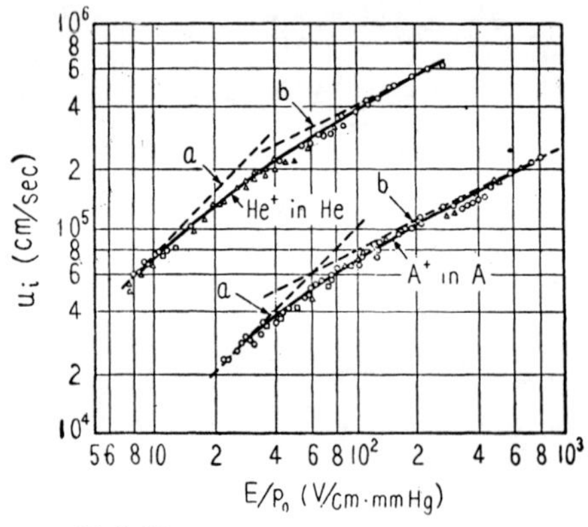

図 3.32. イオンの駆動速度の測定例．

次に u_i の理論について説明しよう．当然考えられるようにそれは u_e の場合と同じように取り扱える．そこで式 (3.101) にならって

$$u_i=\mu_i E \tag{3.112}$$

で **イオンの移動度** (mobility of ion) μ_i を定義すると，μ_i は式 (3.104) の形で表わされ，1価のイオンとすると

$$\mu_i=\left(\frac{\pi}{8}\right)^{1/2} \frac{q\lambda_i}{(m_i kT_i)^{1/2}} \tag{3.113}$$

u_e の場合と異なる点は 3.4 節に述べたように T_i は E/p_0 に無関係にほぼ一定とみられることである．したがって μ_i は E を変えても変わらないから，$u_i \propto E/p_0$ となる．このことは式 (3.110) に示す測定結果と一致する．式 (3.113) はまた μ_i が $m_i^{1/2}$ に逆比例することを示している．これは重いイオンの方が行動が緩慢になるという意味である．λ_i に式 (2.77.1) を用いると 式 (3.113) は

$$\mu_i=\mu_{i1}/p_0 \tag{3.113.1}$$

と表わせる．ここで μ_{i1} は 0°C, 1 mmHg における μ_i である．**表 3.4** は種々のイオンの同種気体中での μ_{i1} を示す．この表をよくみるとちょっと不思議なことがある．それはたとえば He^+ の μ_i より He_2^+ の μ_i の方が大きいことである．これは，重いイオンの方が μ_i が小さいことを示す式 (3.113)

に矛盾する．

表 3.4. 0°C, 1 mmHg の気体中におけるイオンの移動度．

イオン—気体	μ_{i_1} (10^3 cm²/V・sec)	μ_{i_1} が一定の E/p_0 (V/cm・mmHg) の範囲
He^+—He	8	
He_2^+—He	15.4	$E/p_0 \leqq 10$
Ne^+—Ne	3.3	
Ne_2^+—Ne	5	$E/p_0 \leqq 8$
A^+—A	1.2	$E/p_0 \leqq 40$
A_2^+—A	2	
Kr^+—Kr	0.69	$E/p_0 \leqq 30$
Kr_2^+—Kr	0.92	
Xe^+—Xe	0.44	$E/p_0 \leqq 40$
Xe_2^+—Xe	0.6	
H^+—H_2	11.2(?)	
H_2^+—H_2	10	
D_2^+—D_2	5	

同じようなことが Ne, A, Kr 等にも見られる．これは He_2^+ と He の衝突の場合より He^+ と He の衝突の場合の方が式 (3.19) に示すような電荷交換をおこす衝突の確率が大きいために，強い減速作用を受けるためであると考えられている．このことからわかるように u_i の理論はある所までは u_e の理論と同しように進めることができるが，それ以上詳細な理論をたてるにはやはりイオン独特の現象を考慮に入れなければならなくなるのである．その詳細は本書では省略することとする．

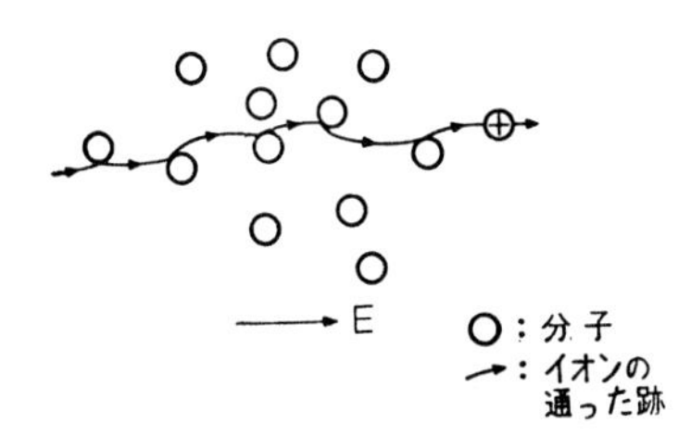

図 3.32.1. 電界が強い場合のイオンの運動．

イオンの場合もう1つ注意しなければならないことは，κ が大きいために平衡状態の近似があまりよく成立しないことである．このことは式 (3.109) に似た式がイオンの場合にも成り立つことを考えれば理解できる．電界が強くなってくると，イオンの運動は図 **3.32.1** に示すようにほとんど電界方向に直進するようになってくる．このような場合のイオンの速度は真空中のイオンの速度と同様に取り扱うことができる．すなわち自由行程が全部 λ_i であるとし，電子の場合にならって衝突後のイオンの初速度を 0 と考え，イオンは電界方向に進むとすると，衝突直前のイオンの速度 v_i^* は式 (3.86) にならって

$$(1/2)m_i v_i^{*2}=q\lambda_i E \quad \text{あるいは} \quad v_i^*=(2q\lambda_i E/m_i)^{1/2} \tag{3.113.2}$$

式 (3.98) から式 (3.99) を導いたときと同様に考えて

$$u_i=v_i^*/2=(q\lambda_i E/2m_i)^{1/2} \tag{3.113.3}$$

あるいは

$$u_i=(q\lambda_{i1}/2m_i)^{1/2}(E/p_0)^{1/2} \tag{3.113.4}$$

表 3.5. 駆動速度の E/p_0 に対する依存性（ただし，限界は厳密でない）.

E/p_0 (V/cm·mmHg)	0.1 〜 1	1 〜 10	10 〜 100	100 〜 1000
電子	$\propto(E/p_0)^{1/2}$	$\propto(E/p_0)^1$ 但，粗い近似		
イオン	$\propto(E/p_0)^1$			$\propto(E/p_0)^{1/2}$

これがすなわち式 (3.111) の説明である．

以上で駆動速度の説明を終るが，最後に駆動速度の E/p_0 に対する依存性を**表 3.5** にまとめておく．

3.7. 拡散電流

密度差によって分子の流れを生ずる拡散の現象は，我々の日常生活においてもよく見られる．前にもあげた におい の伝搬などはそのよい例である．そのほか，炭火をたけば一酸化炭素が室内にひろがるのも，たばこの煙が静かにゆらぎながらだんだん消えてゆくのもみな拡散の現象であるとみてよい．また拡散は気体内の現象とばかりは限らない．液体でも固体でも拡散が行なわれる．たとえばコップに水を入れ，赤インクを一滴おとすと，赤インクが次第に散ってついに水全体に色がつくのは液体内での拡散の現象である．このように拡散は自然界における重要な基本的現象であるので古くからよく研究が行なわれている．拡散現象の正しい理解には統計力学の知識が必要であるが，ここではその力を借りず，概略の説明を行なうこととする．

実験によると拡散による分子の流れは密度差に比例する．すなわち単位面積を単位時間の間に拡散によって流れる分子の数 Γ は

$$\Gamma=-D\frac{dn}{dx} \tag{3.114}$$

とおける．ここで dn/dx は面に垂直な方向，つまり拡散流の方向の分子密度の勾配である．D は比例係数で**拡散係数** (diffusion coefficient) と名付け

られている．D の前に負の符号をつけたのは次のような理由による．拡散の流れは密度の高い方から低い方に流れる．言いかえれば拡散流の正の方向は dn/dx の負の方向である．したがって $\Gamma=D\,dn/dx$ とおけば dn/dx が負の場合，Γ が正であるから D は負でなければならない．これでも別にさしつかえないわけであるが，比例係数のようなものは正にしておいた方が便利であるので，D を正にするために，わざわざ負の符号をつけたのである．同様なことは 式 (3.44) でもあった．式 (3.114) は熱伝導において熱エネルギーの流れが温度勾配に比例し，その比例係数が熱伝導度と呼ばれるのと同じ内容の式である．また式 (3.101) において駆動速度が電位傾度に比例するとおき，その比例係数を移動度と定義したのとも同じ形である．

次に駆動速度の場合にならって拡散流のミクロな観察を行なってみよう．平衡状態にある空気の中に別の気体，たとえば小量のヘリウムが持ち込まれ，He 分子の密度勾配が存在する場合の He の拡散の現象を取り扱ってみる．**図 3.33** において AB は空間に考えられた 1 cm^2 の面をその真横から見たところである．この面を通る拡散の流れを計算してみよう．面に垂直な方向を x の方向とし，He の密度 n は x の関数で同図 (b) に示すように x が増加すると n はだんだん減少してゆくとする．x_0 は面 AB が x 軸を切る点である．Γ は熱運動によって面 AB を1秒間に x の増加する方向に通過する He 原子の数 $\Gamma(\rightarrow)$ と，その逆の方向に通過する He 原子の数 $\Gamma(\leftarrow)$ との差

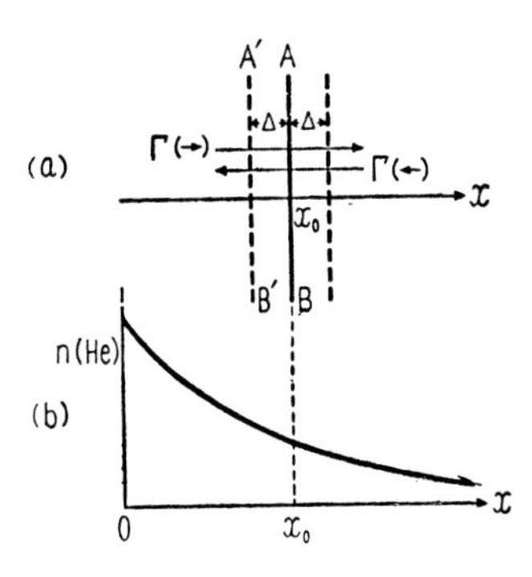

図 3.33．拡散の説明．

$$\Gamma=\Gamma(\rightarrow)-\Gamma(\leftarrow) \tag{3.115}$$

である．もし n が x に無関係に一定であるならば $\Gamma(\rightarrow)$ と $\Gamma(\leftarrow)$ とは式 (2.31) の計算のところで説明したように等しくなるはずであり，したがって $\Gamma=0$ となる．しかし n が**図 3.33**(b) に示すようになっていると常識的にも $\Gamma(\rightarrow)$ が $\Gamma(\leftarrow)$ を上回ることが考えられる．その結果，$\Gamma>0$ となり，正味の流れが生ずるのである．このように拡散の流れというものは決して一方的な

流れなのではなく，分子の熱運動による両方向の流れが密度勾配の存在のために等しくならないことによって発生する正味の流れなのである．これが拡散の本質である．この点，図 **3.22** によって駆動電流を説明したのと同様である．

そこで次に $\Gamma(\rightarrow)$ と $\Gamma(\leftarrow)$ の差を計算することであるが，式 (2.31) をそのまま用い

$$\Gamma(\rightarrow)=(1/4)n(x_0)\langle v\rangle \tag{3.116}$$

としたのでは，その差を表わすことができない．しかし熱運動による分子の流れの式としてはこの式は確かに正しい式であるので，$\Gamma(\leftarrow)\fallingdotseq\Gamma(\rightarrow)$ であることを表わすためにはこの式の $n(x_0)$ か $\langle v\rangle$ をもっと正確な形に書きかえる必要がある．しかし今は気体の温度はいたる所で一定である場合を考えているので，$\langle v\rangle$ はどこでも一定で，これには手を加えられない．問題となるのは $n(x_0)$ である．そこでよく考えてみると次のようなことに気がつく．

$\Gamma(\rightarrow)$ は AB 面上の現象によって決定されるのではなく，AB 面を通過する直前に行なう衝突によって決定されるのである．何となれば，最後の衝突以後は分子は単に自由に飛行するだけで，その軌道を変える力ははたらかないからである．(重力ははたらくがその影響は小さいとする)．したがって，この最後の衝突の行なわれる場所を図 **3.33** (*a*) に $A'B'$ で示したように AB より $\varDelta$ だけ左にある面であるとすると

$$\Gamma(\rightarrow)=(1/4)n(x_0-\varDelta)\langle v\rangle \tag{3.117}$$

とすべきである．$\varDelta$ をどのくらいにとったらよいかはもう少し後で考えることとしよう．全く同様に考えて $\Gamma(\leftarrow)$ を決定する n は $x_0+\varDelta$ なる位置の n であるから

$$\Gamma(\leftarrow)=(1/4)n(x_0+\varDelta)\langle v\rangle \tag{3.118}$$

となる．$\varDelta$ が小さい量であることに着目すると

$$n(x_0\mp\varDelta)=n(x_0)\mp\varDelta(dn/dx) \tag{3.119}$$

とおけるから，この式を上の2式に代入して $\Gamma(\rightarrow)-\Gamma(\leftarrow)$ を計算すると，

$$\Gamma=\Gamma(\rightarrow)-\Gamma(\leftarrow)=(1/4)\langle v\rangle\{n(x_0-\varDelta)-n(x_0+\varDelta)\}$$

$$=(1/4)\langle v\rangle\left\{n(x_0)-\varDelta\frac{dn}{dx}-\left(n(x_0)+\varDelta\frac{dn}{dx}\right)\right\}$$

$$= -½\langle v \rangle \varDelta (dn/dx) \tag{3.120}$$

となる．$\varDelta$ は一番簡単に考えれば平均自由行程にとるべきであろう．そこで $\varDelta=\lambda$ とすると

$$\varGamma = -\frac{1}{2}\lambda\langle v \rangle (dn/dx) \tag{3.121}$$

となる．実際には He 分子は AB 面を通過する際 x 軸と平行の方向ではなく斜の方向に通過することが多いから，$\varDelta$ は λ より小さい値でなければならない．このことを考えに入れて計算すると，

$$\varGamma = -(\pi/8)\lambda\langle v \rangle (dn/dx) \tag{3.122}$$

なる式を導くことができる．したがって式 (3.114) と比較して

$$D = (\pi/8)\lambda\langle v \rangle \tag{3.123}$$

となる．本によっては $D=⅓\lambda\langle v \rangle$ としてあるものもあるが，その違いは近似の用い方にもとづくもので，たいした問題ではない．

以上の計算のヘリウムを電子ガスにおきかえれば，電子の拡散の式となることは当然である．すなわち**電子の拡散係数** (diffusion coefficient of electron) を D_e とすると，電子の拡散の流れ $\varGamma_e$ は

$$\varGamma_e = -D_e(dn_e/dx) = -(\pi/8)\lambda_e\langle v_e \rangle (dn_e/dx) \tag{3.124}$$

そして電子が電荷 $(-q)$ を持つために拡散電流 $i_e(df)$

$$i_e(df) = -q\varGamma_e \tag{3.125}$$

を生ずるのである．イオンの拡散についても全く同じことが言え，**イオンの拡散係数** (diffusion coefficient of ion) D_i は

$$D_i = (\pi/8)\lambda_i\langle v_i \rangle \tag{3.126}$$

となることは当然である．ただ，電子やイオンの場合はどうしても空間電荷による電界が発生するので，それによって生ずる駆動電流が発生し，純粋な形での拡散電流は存在しにくいのである．式 (3.122) を式 (2.76.1) および式(2.21) を用いて書きなおすと

$$\varGamma = -\left(\frac{\lambda_1}{p_0}\right)\left(\frac{\pi kT}{8m_m}\right)^{½}\frac{dn}{dx} \tag{3.127}$$

ただし，この場合の λ_1 は 1 mmHg の空気の中における He 原子の平均自

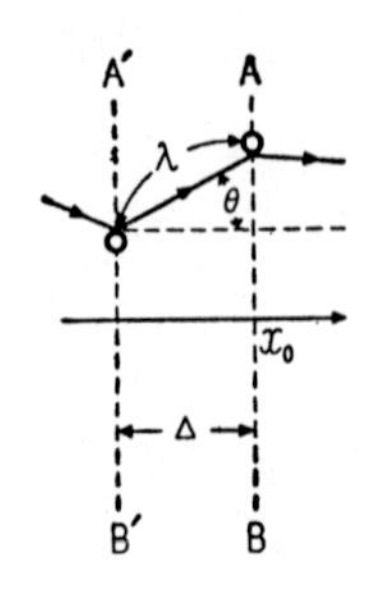

図 3.34. Δ の決定.

由行程であり，m_m は拡散する粒子，すなわちこの場合は He 原子の質量である．このように気圧が低ければ低いほど，また拡散する粒子が軽ければ軽いほど，拡散は盛んになるのである．

* 次に式 (3.122) を導く計算を示しておこう．式 (3.120) の Δ の考え方をもう一段と正確にし，かつ，He 分子の自由行程は全部一定値 λ であるとすると，Δ は自由行程の x 成分をとるべきであるから，**図 3.34** からもわかるように，Δ は速度の向きによって変わり

$$\Delta=\lambda\cos\theta=\lambda\,(v_x/v) \tag{3.128}$$

となる．Δ としてこの値を用い，式 (2.30) にならって $\Gamma(\rightarrow)$ を表わすと

$$\Gamma\,(\rightarrow)=\int_{v_x=0}^{\infty} v_x\,dn(v_x,\,x_0-\lambda\,v_x/v) \tag{3.129}$$

ここで $dn\ (v_x, x_0-\lambda\cdot v_x/v)$ は $(x_0-\lambda\,v_x/v)$ なる位置にあり，かつ，速度の x 成分が v_x と $v_x+\ dv_x$ の間にある He 原子の密度である．したがって式 (2.30) の場合と同様に

$$\Gamma\,(\rightarrow)=\int_{v_x=0}^{\infty} v_x\,n(x_0-\lambda\cdot v_x/v)\,g\,(v_x^2)\,dv_x \tag{3.130}$$

ただし，$g(v_x^2)$ は式 (2.53) に示されている．この場合 n は v_x の関数となっているので，式 (2.30) の場合のように積分の外に出すことはできない．$\Gamma(\leftarrow)$ についても全く同様な表現ができるから

$$\begin{aligned}\Gamma=\Gamma\,(\rightarrow)-\Gamma\,(\leftarrow)&=\int_0^{\infty} v_x\,n(x_0-\lambda\,v_x/v)\,g\,(v_x^2)\,dv_x\\&\quad-\int_0^{\infty} v_x\,n(x_0+\lambda\,v_x/v)\,g\,(v_x^2)\,dv_x\\&=\int_0^{\infty} v_x\,n(x_0-\lambda\cdot v_x/v)\,g\,(v_x^2)\,dv_x+\int_{-\infty}^{0} v_x\,n(x_0-\lambda\cdot v_x/v)\,g\,(v_x^2)\,dv_x\\&=\int_{-\infty}^{+\infty} v_x\,n(x_0-\lambda\cdot v_x/v)\,g\,(v_x^2)\,dv_x\end{aligned}$$

式 (2.24) にならって

$$\Gamma=\left\langle v_x\,n(x_0-\lambda\cdot v_x/v)\right\rangle \tag{3.131}$$

式 (3.119) の展開を用いて

$$\Gamma = \left\langle v_x \left\{ n(x_0) - \frac{\lambda v_x}{v} \cdot \frac{dn}{dx} \right\} \right\rangle$$

$$= \langle v_x \cdot n(x_0) \rangle - \left\langle \lambda \frac{v_x^2}{v} \frac{dn}{dx} \right\rangle$$

一定なものは〈 〉の外に出せるから

$$\Gamma = n(x_0) \langle v_x \rangle - \frac{dn}{dx} \lambda \left\langle \frac{v_x^2}{v} \right\rangle \tag{3.132}$$

$\langle v_x \rangle$ は 0 であるから第 1 項は消える．第 2 項の計算では次の近似を許す．

$$\langle v_x^2 / v \rangle = \langle v_x^2 \rangle / \langle v \rangle$$

そして式 (2.51)，(2.21) から得られる

$$\langle v_x^2 \rangle = (\pi/8) \langle v \rangle^2 \tag{3.133}$$

を用いると

$$\Gamma = -(\pi/8) \lambda \langle v \rangle (dn/dx)$$

**すなわち式 (3.122) が得られた．

電子ガスやイオンガスの場合の拡散の現象をさらに明らかにするために，拡散電流を計算するもう一つの方法を示そう．イオンガスがあり，その密度 n_i は，**図 3.33** (*b*) の場合のように x の関数であるとする．また，この空間では電位は一様ではなく電位分布 $V(x)$ が存在するとする．ただし V は $x=0$ の位置の電位を 0 として表わす．このイオンガスが熱平衡の状態にあるとすると式 (2.62) に従って，$n_i(x)$ と $V(x)$ との間には次の式が成立する．

$$n_i(x) = n_i(0) e^{-\frac{qV(x)}{kT_i}}$$

両辺を x で微分すると

$$\frac{dn_i}{dx} = -n_i(x) \frac{q}{kT_i} \frac{dV}{dx} = n_i(x) \frac{q}{kT_i} E$$

両辺に $kT_i \mu_i$ をかけて次の式を得る．

$$q\, n_i(x) \mu_i E - q\, \mu_i (kT_i/q)(dn_i/dx) = 0 \tag{3.133.1}$$

一方，式 (3.83) と同様に i_i も駆動電流 $i_i(dr)$ と拡散電流 $i_i(df)$ の和として表わせるが，今は熱平衡の状態を考えているので $i_i=0$ でなければならないから

$$i_i(dr)+i_i(df)=0 \tag{3.134}$$

ところで式 (3.133.1) の左辺の第1項は明らかに $i_i(dr)$ であるから，上の2つの式を比較して

$$i_i(df)=-q\,\mu_i(kT_i/q)(dn_i/dx) \tag{3.135}$$

でなければならないことがわかる．これで拡散電流の計算ができた．この式を式 (3.124)，式 (3.125) と比較すると

$$D_i=\mu_i(kT_i/q) \tag{3.136}$$

となり，全く同様にして

$$D_e=\mu_e(kT_e/q) \tag{3.137}$$

を導くことができる．このように移動度と拡散係数とは簡単な関係で結びつけられるのである．この関係を**アインシュタインの式** (Einstein relation) と言って重要な式である．

ところで μ_e や D_e はすでにお互いに独立に計算してあるので，それらの計算とアインシュタインの式とが矛盾しないかどうかを調べてみよう．式 (3.102) および式 (3.123) により D_e/μ_e を求め，式 (2.21) を用いると

$$D_e/\mu_e=(1/q)(\pi/8)m_e\langle v_e\rangle^2=kT_e/q$$

となる．この式は式 (3.137) と全く一致する．これで今までの理論に撞着がないことがわかるであろう．このように n_e や n_i が一様でない状態で電子ガスやイオンガスが熱平衡の状態になっているときは，必ず駆動電流と拡散電流とが絶対値が等しく，互に逆向きに流れる結果，全電流が0となっているのである．

移動度の数値がわかっておれば，アインシュタインの式を用いて拡散係数の数値を容易に導くことができる．たとえば 1 mmHg の A 中の A^+ の D_i の値は，$T_i=300°K$ とすると式 (3.73) の換算を用い，また μ_i として**表 3.4** の数値を用いると

$$D_i=\frac{1.2\times10^3\times300}{11,600}=31\ \ (\mathrm{cm^2/sec}) \tag{3.138}$$

圧力が 0.1 mmHg の場合はこの 10 倍となる．このように容易に数値計算ができるので拡散係数の数値表は省略した．

3. 8. 両極性拡散

前節でも述べたように，電子ガスやイオンガスの存在する空間には電位差が存在するのが普通であるから，$i_e(df)$ や $i_i(df)$ は単独では存在せず，$i_e(dr)$ や $i_i(dr)$ をともなうことが多い．したがって式 (3.83) に 3.6 節，3.7 節で得られた結果を用いて得られる式

$$i_e = q\, n_e\, \mu_e\, E + q\, D_e (dn_e/dx) \tag{3.139}$$

および

$$i_i = q\, n_i\, \mu_i\, E - q\, D_i (dn_i/dx) \tag{3.140}$$

を取り扱わなければならない場合が多い．ただし，E の方向は x 軸に平行であるとする．プラズマの場合は，

$$n_e = n_i \equiv n_0 \tag{3.141}$$

とおけるから

$$i_e = q\, n_0\, \mu_e\, E + q\, D_e (dn_0/dx) \tag{3.142}$$

$$i_i = q\, n_0\, \mu_i\, E - q\, D_i (dn_0/dx) \tag{3.142.1}$$

このように2つの項を取り扱わなければならないことは やっかい なことである．しかし電流の連続性の性質により全電流

$$i_e + i_i = i$$

が一定値とおけるときは，これを用いて E または dn_0/dx を消去すると，もっと取り扱いやすい式を導くことができる．たとえば E を消去してみよう．式 (3.142)と式 (3.142.1) の両辺を加え合わすと

$$i = q\, n_0\, E(\mu_e + \mu_i) + q(D_e - D_i)(dn_0/dx)$$

これから $q\, n_0\, E$ を求め，式 (3.142) に代入すると

$$i_e = \frac{\mu_e}{\mu_e + \mu_i} i + q \frac{\mu_i D_e + \mu_e D_i}{\mu_i + \mu_e} \cdot \frac{dn_0}{dx} \tag{3.143}$$

となる．

$$\frac{\mu_i D_e + \mu_e D_i}{\mu_i + \mu_e} \equiv D_a \tag{3.144}$$

とおくと

$$i_e=\frac{\mu_e}{\mu_i+\mu_e}i+q\,D_a\frac{dn_0}{dx} \tag{3.145}$$

となる．同様にして

$$i_i=\frac{\mu_i}{\mu_i+\mu_e}i-q\,D_a\frac{dn_0}{dx} \tag{3.146}$$

を導くことができる．このように第2項は拡散電流の形になっているので，D_a を新しい拡散係数とみなしてもよい．このようにして式の変形から生まれたところの dn_0/dx に比例した流れを**両極性拡散** (ambipolar diffusion) と言い，D_a を**両極性拡散係数** (ambipolar diffusion coefficient) という．両極性という言葉は式 (3.144) を見ればわかるように，D_a は電子に関する量とイオンに関する量の両方をふくんでいるために用いられたものである．

このようにして得られた式 (3.145) は式 (3.142) より数学的取り扱いが便利であることを次に示そう．式 (3.104) と式 (3.113) の比較から容易にわかるように

$$\mu_e \gg \mu_i \tag{3.147}$$

であるから，式 (3.145) の第1項の μ_i を省略すると

$$i_e=i+q\,D_a(dn_0/dx) \tag{3.148}$$

となる．この式の第1項は一定値であるので数学的な取り扱いは非常に楽である．たとえば両辺を x で微分すると第1項は0となって

$$di_e/dx=q\,D_a(d^2n_0/dx^2) \tag{3.149}$$

となる．これに反し，式 (3.142) は両辺を x で微分しても，やはり2つの項が残るのである．

もう1つの例を示そう．放電管の管壁方向の電流成分を考えてみる．読者はけい光燈 の内部の電流の半径方向 (r 方向とする) の成分を考えていただければよい．これを i_r としよう．実はこの方向には電流が流れるはずがないから $i_r=0$ でなければならない．しかし i_e および i_i の半径方向の成分 i_{er} および i_{ir} は0ではないのであって，両者は絶対値は等しく，符号が逆になっているために両方の和が0となっているのである．言いかえれば毎秒管壁に向かって流れる電子の数とイオンの数が等しく，両者が管壁において再結合によって

全部消滅してしまうのである．このような i_{er} および i_{ir} は，E の r 方向の成分を E_r とすると式 (3.142) および式 (3.142.1) と同様に次の式で表わせる．

$$i_{er}=q\,n_0\,\mu_e\,E_r+q\,D_e(dn_0/dr) \tag{3.150}$$

$$i_{ir}=q\,n_0\,\mu_i\,E_r-q\,D_i(dn_0/dr) \tag{3.151}$$

そして上に述べたように

$$i_{ir}=-i_{er} \tag{3.152}$$

となっている．**図 3.35** に各成分電流の方向とだいたいの大きさの比較を示した．

このように i_{er} の方は両成分の方向が逆で，そのわずかの差が i_{er} を形成しているのであるが，i_{ir} の方は両成分の方向がそろい，しかも大部分が駆動電流で占められている（これについては 3.11 節に説明する）．したがって i_{ir} を取り扱うときは式 (3.151) の第2項を省略することができるのであるが，i_{er} の場合は式(3.150) にはこのような省略を行なうことはできない．しかしながら式 (3.148) の形を用いるならば，$i=0$ とおいた式

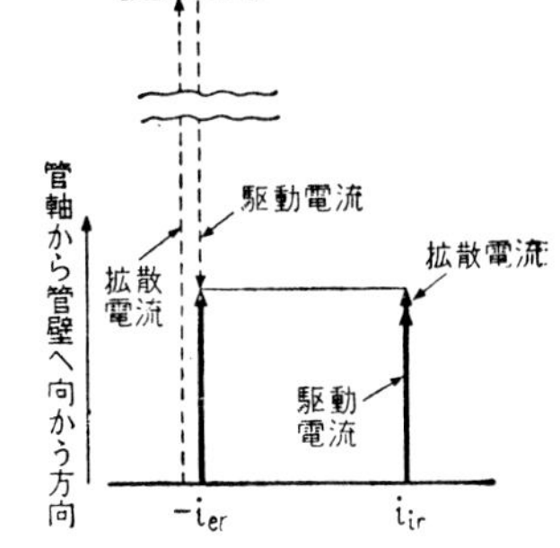

図 3.35．管壁方向の電流．

$$i_{er}=q\,D_a\,dn_0/dr \tag{3.153}$$

となり，拡散の項だけとなるのである．このように D_a は数学的取り扱いを便利にするために設けられた係数であるから，これに物理的意義をつけることは必ずしも必要ではない．

最後に D_a と D_e および D_i との大きさの比較を行なってみよう．式 (3.144) に式 (3.147) による省略を行ない，さらにアインシュタインの式を用いると

$$D_a=D_i+D_e(\mu_i/\mu_e)=(\mu_i k/q)\,(T_i+T_e) \tag{3.154}$$

したがって $T_e \gg T_i$ とおける場合には

$$D_a=\mu_i(kT_e/q) \tag{3.155}$$

したがって

$$D_e/D_a=\mu_e/\mu_i\gg1,\ \ D_a/D_i=T_e/T_i\gg1 \tag{3.156}$$

このように D_a は D_e と D_i の中間にはいるのである．$T_e=T_i$ とおける場合には

$$D_a=2\,D_i \tag{3.157}$$

となる．

3. 9. 電子密度の決定

式 (3.84) に関しても述べておいたように，駆動電流を計算するには n_e が計算されなければならない．また n_e が場所の関数として求まれば n_e の勾配を計算することができるから，拡散電流も計算できる．そこで今から n_e を計算する方法を説明しよう．

電離空間内の 1 cm³ 体積をとって考えよう．その中には n_e 個の電子があるわけであるが，この体積の中では，たえず電離現象や，周囲の空間からの電子の流入などのような n_e を増加さす作用や，反対に再結合や周囲の空間への電子の流出などのような n_e を減少さす作用が働いている．これらの作用はいずれも n_e を変化させる力を持っており，定常状態では n_e を増加さす作用と減少さす作用がバランスしている．また，各要因の実態がはっきりわかれば，我々は n_e がどのように変化してゆくかを知ることができる．

この間の事情はちょうど人口の増減の問題になぞらえることができる．我々の住む町の人口を P とし，ある期間内の人口の変化を $\varDelta P$ とすると，

A_1＝その期間内における他地区からの転入による人口増加

B_1＝その期間内における他地区への転出による人口減少

A_2＝その期間中の出生による人口増加

B_2＝その期間中の死亡による人口減少

とするならば

$$\varDelta P=A_1-B_1+A_2-B_2 \tag{3.158}$$

となる．そしてこの各項を調査すれば $\varDelta P$ を知ることができるし，また各項を P の関数として表示することが可能であれば，この式は P に関する方程式となり，これを解けば人口が将来どのように推移してゆくかを知ることがで

きるわけである．

この考え方をそのまま n_e の決定の問題にあてはめてみよう．電離空間内に微小体積 $\varDelta V$ を考える．$\varDelta V$ はその中では電子密度はどこでも一定とみられる程度に小さくとる．そうするとその中の電子の数は $n_e\varDelta V$ となる．$\varDelta t$ 秒間の $n_e\varDelta V$ の変化 $\varDelta(n_e\varDelta V)$ は

$A_1^*=\varDelta t$ 秒間に $\varDelta V$ に流入する電子数

$B_1^*=\varDelta t$ 秒間に $\varDelta V$ から流出する電子数

$A_2^*=\varDelta t$ 秒間に $\varDelta V$ 内で行なわれる電離による電子の増加

$B_2^*=\varDelta t$ 秒間に $\varDelta V$ 内で行なわれる再結合による電子の減少

とするならば

$$\varDelta(n_e\varDelta V)=A_1^*-B_1^*+A_2^*-B_2^* \tag{3.159}$$

となる．この式の右辺の各項をいろいろな条件の下において計算するならば，n_e を求める式を導くことができるのである．次に 2,3 の例題を示そう．

〔例題 1〕

放電管がある．その中では紫外線照射による光電離により，毎秒 1 cm³ あたり b 個の電子が発生しており，一方，電子イオン再結合による電子の消滅が行なわれている．この場合の n_e を求めよ．ただし，$n_i=n_e$ とし，n_e は位置の関数ではない．すなわちある瞬間の n_e はその放電管内のどこでも同じであるとする．また電子流およびイオン流の流れの速度も位置の関数でない．

〔解〕

題意の場合は $A_1^*=B_1^*$ となる．何となれば $\Gamma_e(\rightarrow)$ が放電管内のどこでも一定であるからである．A_2^* は $b\varDelta V\varDelta t$ で表わすことができる．次に α_e を用いると毎秒 1 cm³ あたりの再結合数は $\alpha_e n_e^2$ であるから，$B_2^*=\alpha_e n_e^2\varDelta V\varDelta t$ となる．これらを式 (3.159) に代入すると

$$\varDelta(n_e\varDelta V)=b\varDelta V\varDelta t-\alpha_e n_e^2\varDelta V\varDelta t$$

両辺を $\varDelta V$ で割り，$\varDelta n_e\rightarrow dn_e$，$\varDelta t\rightarrow dt$ と書きかえると

$$\frac{dn_e}{dt}=b-\alpha_e n_e^2 \tag{3.160}$$

となる．これが n_e を求める方程式である．$t=0$ に紫外線照射を始めたとし，$t=0$ において $n_e=0$ として解くと

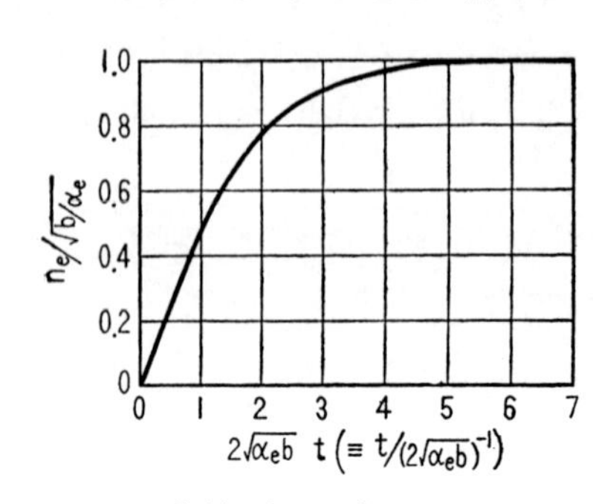

図 3.36.（例題1）の解．

$$n_e=\sqrt{\frac{b}{\alpha_e}}\cdot\frac{1-e^{-2\sqrt{\alpha_e b}\,t}}{1+e^{-2\sqrt{\alpha_e b}\,t}} \tag{3.161}$$

これで n_e が求まった．$t\to\infty$ とすると $n_e=\sqrt{b/\alpha_e}$ となる．これが定常状態の電子密度である．**図 3.36** は n_e が時間と共にだんだん増加してその値に達するまでの経過を示している．ただし，横軸の数字は t が $(2\sqrt{\alpha_e b})^{-1}$ の何倍になっているかを示し，縦軸の数字は n_e がその定常状態の値の何パーセントに達しているかを示している．

（**例題 2**）

前例題において n_e が定常値に達した後，紫外線照射を断った場合，n_e はどのように減少してゆくか．

（**解**）

容易にわかるように，方程式は式 (3.160) の b を0としたものである．すなわち

$$\frac{dn_e}{dt}=-\alpha_e n_e^2 \tag{3.162}$$

$t=0$ において $n_e=\sqrt{b/\alpha_e}\equiv n_{e0}$ としてこれを解くと

$$n_e=\frac{1}{(n_{e0})^{-1}+\alpha_e t}=\frac{n_{e0}}{1+\sqrt{\alpha_e b}\,t} \tag{3.163}$$

これが解である．つまり時間とともに双曲線的に減少して，ついに0となるのである．

（**例題 3**）

円筒形放電管内のプラズマの n_e の定常値を求めよ．ただし，(1) 電離は電子の衝突による．(2) 累積電離はない．(3) 体積再結合はない．(4) 円筒座標 (r,θ,z) を用いると n_e は r だけの関数であるとする．つまり管軸方向（z 方

向）およびまわりの方向（θ 方向）には n_e の変化はないとする．(5) λ_e は円筒の半径 R に比較してはるかに小さい．

（解）

円筒形放電管のうちで我々に一番なじみの深いのは けい光燈 であるが，けい光燈内では累積電離が盛んであるので，この例題の条件にあてはまらない．ネオンサインの発光部分は上記の諸条件を満足するとみてよいから，読者はネオンサインの直線部分を頭におきながら読んでいただきたい．円筒形プラズマから長さ 1 cm だけ切り取って図 3.37 に示す．この円筒内の n_e を次のようにして計算する．

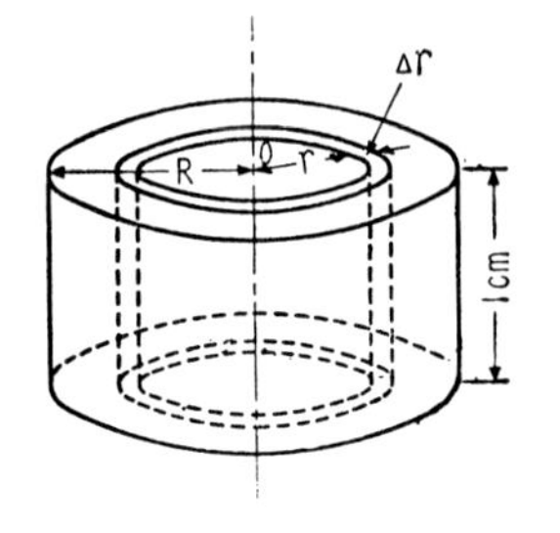

図 3.37．円筒形プラズマの n_e の計算の説明．

いま問題としている円筒の中に図面に示すように内径 r，外径 $r+\Delta r$ のうすい円筒を考え，これを円筒 $(r, \Delta r)$ と名付けよう．r は 0 と R の間の任意の値である．題意によって円筒 $(r, \Delta r)$ の中では n_e は一定であるので，ΔV としてこれの体積をとる．そしてまず $A_1^*-B_1^*$ を計算しよう．円筒 $(r, \Delta r)$ とその周囲との間の電子の出入りを円筒の上下の底面を通じて行なわれるものと，円筒の内面および外面を通じて行なわれるものとに分けて考えると，前者については z 方向には n_e の変化がないので，はいるものと出るものとが全く等しいから，$A_1^*-B_1^*$ の計算は後者だけについて行なえばよいこととなる．後者を決定するものは r 方向の電子の流れであるから，その量を考えてみよう．半径 r なる円筒の面上の $1\,\mathrm{cm}^2$ を 1 秒間に通って流れる電子の数は，電子電流の管壁方向の成分を i_{er} とすると $(-i_{er}/q)$ で表わされる．流れの方向は図 **3.35** からわかるように中心から管壁の方向に向かう．したがって A_1^* は円筒の内面の面積 $2\pi r$ に半径 r における $(-i_{er}/q)\Delta t$ をかけたもので表わされ，B_1^* は円筒の外面の面積 $2\pi(r+\Delta r)$ に半径 $(r+\Delta r)$ における $(-i_{er}/q)\Delta t$ をかけたもので表わされる．したがって i_{er} に式 (3.153) の表示を用いると〔仮定 (5) が成立することは衝突が激しいからこの式が用いられる〕．

$$A_1{}^* - B_1{}^* = \left\{-2\pi r D_a \frac{dn_0(r)}{dr} + 2\pi(r+\Delta r) D_a \frac{dn_0(r+\Delta r)}{dr}\right\}\Delta t$$

式 (3.119) と同様に

$$n_0(r+\Delta r) = n_0(r) + (dn_0/dr)\Delta r$$

とすると

$$A_1{}^* - B_1{}^* = 2\pi D_a \left\{r\frac{d^2 n_0}{dr^2}\Delta r + \frac{dn_0}{dr}\Delta r + \frac{d^2 n_0}{dr^2}(\Delta r)^2\right\}\Delta t$$

第3項は $(\Delta r)^2$ をふくむので非常に小さいこととして省略すると

$$A_1{}^* - B_1{}^* = 2\pi D_a \Delta r \Delta t \left(\frac{d^2 n_0}{dr^2} r + \frac{dn_0}{dr}\right) \tag{3.164}$$

これで $A_1{}^* - B_1{}^*$ の計算ができた.

次に $A_2{}^*$ を計算してみよう. これは累積電離がなければ式 (3.51) の計算と全く同じ考え方で行なうことができる. すなわち単位体積あたり Δt 秒間の電離による n_0 の増加 $(\Delta n_0)_i$ は式 (3.51) の σ_r を σ_i でおきかえ, n_i を残存分子数 $n_m = n_{m0} - n_0$ でおきかえれば得られるから

$$(\Delta n_0)_i = \int_{v_e=0}^{\infty} n_m \sigma_i v_e \Delta t \, dn_e(v_e) \tag{3.165}$$

弱電離の場合は $n_m = n_{m0} = \text{const.}$ であるから, n_m を積分の前に出して式 (3.51) から式 (3.53) を得る計算にならって

$$(\Delta n_0)_i = \Delta t \cdot n_m n_0 \langle \sigma_i v_e \rangle \tag{3.166}$$

この計算は電子の速度分布関数および σ_i が v_e を変えるとどのように変わるかがわかっていないと計算できない. その計算は次節で行なうこととし, ここでは単に

$$\langle n_m \langle \sigma_i v_e \rangle = g' \tag{3.167}$$

としておく. この式で定義された g' は1個の電子が1秒間に行なう電離数の平均であるから, これを電離周波数 (ionization frequency) と呼ぶこととする. そうすると $A_2{}^*$ は

$$A_2{}^* = \Delta V \cdot (\Delta n_0)_i = 2\pi r \Delta r n_0 \Delta t g' \tag{3.168}$$

次に $B_2{}^*$ であるが, これは仮定によって0である. これで方程式を作る準備がすっかりできた. そこで $B_2{}^* = 0$ および式 (3.164) および式 (3.168) を

式 (3.159) に代入し，定常状態では左辺が0であることに着目すると

$$\frac{d^2n_0}{dr^2}+\frac{1}{r}\frac{dn_0}{dr}+\frac{g'}{D_a}n_0=0 \tag{3.169}$$

を得る．これが $n_0(r)$ を求める方程式である．ただし，弱電離の近似を用いていることを重ねて注意しておく．弱電離の場合は g' も D_a も n_0 や r に無関係な量である．式の形を簡単にするために

$$(g'/D_a)^{1/2}r=x$$

なる変数変換を行なうと

$$\frac{d^2n_0}{dx^2}+\frac{1}{x}\frac{dn_0}{dx}+n_0=0 \tag{3.170}$$

この方程式は初等関数を用いて解くことはできないが，この形の微分方程式は円筒に関する問題を取り扱う場合によく出てくるので，特にベッセルの微分方程式と呼ばれ，その解の性質はよく研究される．それによると式 (3.170) の解は $J_0(x)$ （0次のベッセル関数）と呼ばれ，したがって n_0 は積分定数 C をふくめて

$$n_0=CJ_0(x) \tag{3.171}$$

で表わされる．図 3.38 は $J_0(x)$ の数値を示す．この式は変数 x を r にもどすと

$$n_0=CJ_0\left(\sqrt{\frac{g'}{D_a}}r\right)$$

積分定数 C を決定するために $r=0$ すなわち管軸上の n_0 を $n_0{}^*$ とすると，$J_0(0)=1$ であるから

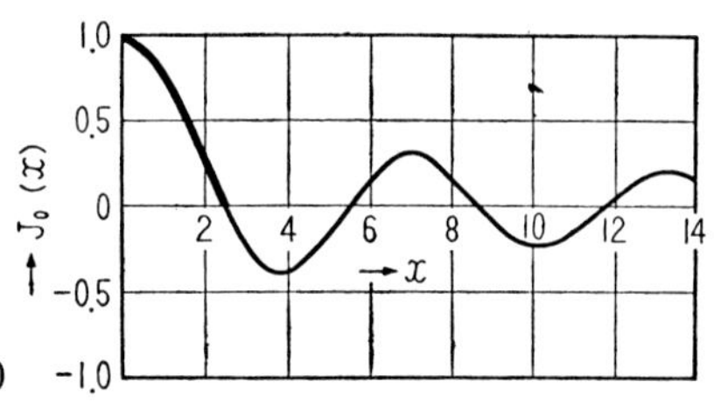

図 3.38. $J_0(x)$.

$$n_0=n_0{}^*J_0\left(\sqrt{\frac{g'}{D_a}}r\right) \tag{3.172}$$

となる．

次にこの式において，$r=R$ とおくと n_0 は管壁の表面における電子密度 n_w にならなければならない．実際には管壁では再結合が強く働いているので n_w は小さく，$n_w \ll n_0{}^*$ である．そこで簡単のために $n_0{}^*$ に比較して $n_w=0$ とお

けるとすると

$$0=n_0^* J_0\left(\sqrt{\frac{g'}{D_a}}R\right) \tag{3.172.1}$$

このことから $\sqrt{g'/D_a}\,R$ は図 **3.38** において $J_0(x)$ を 0 ならしめる x の値，すなわち 2.41，5.52，8.65 等でなければならないことがわかる．しかしまた $n_0>0$ でなければならないから，$J_0(x)$ が負になる範囲が解にふくまれてはならない．したがって $0\leq x\leq 2.41$ でなければならない．これらのことから

$$\sqrt{g'/D_a}\,R=2.41 \tag{3.173}$$

と決定される．したがって式 (3.172) は

$$n_0=n_0^* J_0(2.41\,r/R) \tag{3.174}$$

これで $n_0(r)$ の形が決定された．すなわち図 **3.39** (*a*) のようになる．同図 (*b*) は測定結果であって，両者を比較してみると理論と実験とが相当よく一致していることがわかるであろう．

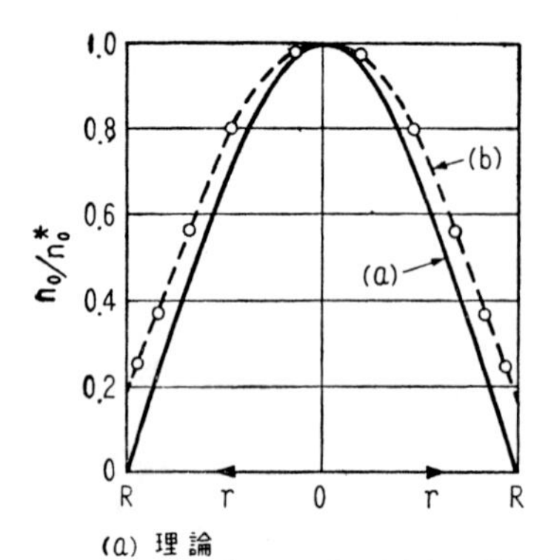

図 3.39．円筒形プラズマの電子密度分布の理論と実験との比較．

以上で一応解けたのであるが，さらに若干の説明をつけ加えておく．

(i) 式 (3.173) から g' を求めると

$$g'=(5.78/R^2)D_a \tag{3.175}$$

D_a に式 (3.155) を用いると

$$g'=(5.78/R^2)\mu_i(kT_e/q) \tag{3.176}$$

これは管壁へ両極性拡散によって失われてゆく電子を補給するには g' はどれだけの値が必要であるかを示している．これはどのぐらいの値であるかを調べてみよう．$R=1\,\mathrm{cm}$，封入ガス＝A，$p_0=10\,\mathrm{mmHg}$，$T_e=4.64\times10^4\,{}^\circ\mathrm{K}\,(kT_e/q=4\mathrm{V})$，イオンは A^+ とすると，μ_i が p_0 に逆比例することを用いて

$$g'=5.78\times(1.2\times10^3\times10^{-1})\times4=2.78\times10^3\,(\mathrm{sec}^{-1})$$

すなわち，個々の電子は毎秒約 3000 回の電離を行なっていることとなる．この数は R を半分にすると 4 倍になる．つまり，管を細くすれば管軸から管壁

までの距離がそれだけ近くなるので電子は管壁へ行きやすくなり，再結合が増加するから g' も増してやらなければ定常状態が保たれないのである．

(ii) n_0^* は任意定数である．つまり今までの計算では n_0^* を決定することはできず，単に $n(r)$ の分布の形を決定しているだけである．この点（例題 1）で n_e がはっきり定められたのと異なる．これは（例題３）を解く場合に用いた諸条件のもとにおいては式 (3.159) の右辺の各項（ただし，B_2^* は０）がみな n_0 の１乗に比例するから，任意の n_0^* で ΔV 内の電子の増加と減少のバランスをとることができるからである．このように n_0^* が任意の値であるということは弱電離のプラズマの大きい特徴であって，半導体の場合のように温度を与えれば電子密度が定まってしまうのと大いに異なる．それでは実際の放電管内の n_0^* はどのようにして決定されているのかという疑問がおきるかも知れないが，これについては次節に説明することとする．

(iii) 式 (3.153) は電子が管壁にたどりつく間に何度も衝突するぐらいに分子密度が高くないと使えない．すなわち最初に与えた条件 (5) が必要である．たとえば Ne 封入の場合 $p_0=0.01\,\mathrm{mmHg}$ ぐらいの低い圧力となると $\lambda_e\simeq 5\,\mathrm{cm}$ となる．こうなれば大部分の電子が衝突なしに管壁へ直接ぶつかることとなるので，理論的取り扱いは非常に変わってこざるをえない．

3. 10. 電気伝導度

3.6 節において述べたように，プラズマ内の電流の性質を知るには，電子の流れの速度と電子密度の性質とを明らかにしなければならないのであるが，今までで，だいたいそれらの説明を終った．そこで次に，これらの知識を用いて実際のプラズマの電気伝導度を調べてみよう．

例として前節の（例題３）の場合を選ぶこととしよう．問題は結局このような円筒形プラズマの管軸方向の電界強度と電流との関係を明らかにすることである．つまりプラズマのある定常状態を維持するにはどれだけの電界強度が必要であるかを計算することである．それは次のような筋道で考えてゆけばよい．

(1) ある定常状態を維持するためにはどれだけの電離数が必要であるか．

(2) この電離は電子が熱運動を行ないながら分子と衝突する場合に行なう衝突電離によってまかなわれるのである．では，電子ガスの温度がどのくらいあれば必要なだけの電離を行なうことができるであろうか．

(3) その電子温度は外部から加えられた電界によって維持される．では，必要な電子温度を維持するためにはどれだけの電界が必要であるか．

今からこの筋道にそって計算を行なってみることにしよう．

まず (1) について

これはすでに前節で解かれている．すなわち式 (3.176) がその解答である．ここで前節の終りの追加説明 (ii) のところで述べたことを繰り返すようになるが，注目すべきことは g' が電流の値に無関係に定まっているということである．つまり一口に定常状態の放電といっても，1 A の放電もあれば 10 A の放電もあるわけであるが，そのいずれの場合も g' は同じでよいというのである．ちょっと不思議に思われるかも知れないが，前節の説明をよく考えてみれば容易に理解できることである．

次に (2) について

これも前節において途中まで計算されている．つまり式 (3.167) がそれである．そこで実際に $\langle \sigma_i v_e \rangle$ の計算をやってみよう．まず電子の速度分布関数はマクスウェル分布であるとしよう．次に σ_i の電子速度に対する依存性であるが，これは **3.1.2** 節で述べたように簡単な関数形で表わされる性質のものではない．このような場合に σ_i の理論式をそのまま用いて計算することはもちろん正しい方法であるが，それでは式の形があまり複雑になって実用的でない．たとえば T_e を変えれば，g' がどのように変わるかというようなことが計算結果の式をみただけではよくわからない．そこで考えられるもう1つの方法は，近似式を用いる方法，すなわち σ_i の関数形の特徴をよくつかみ，かつ，できるだけ計算に便利な形の近似式を定め，これを用いて計算することである．ここでは後者の方法による．

そこで σ_i の近似式をどのように定めるかが問題となる．**図 3.40** の太線は He および Ne の σ_i の電子エネルギー ϵ との関係を示す．ϵ のもっと大きい所では **図 3.7** と同じように σ_i は減少するが，弱電離気体中には ϵ のそ

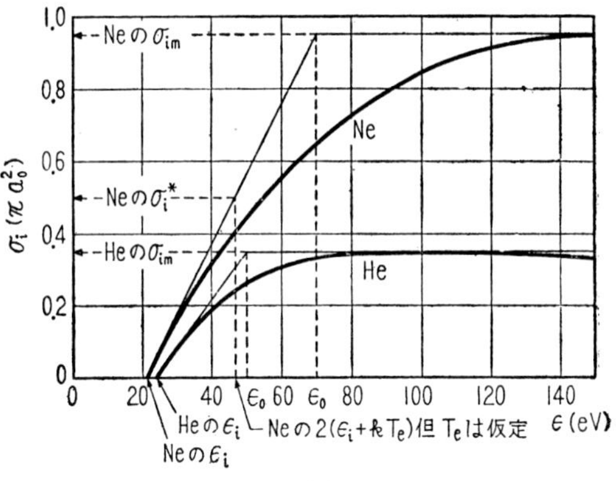

図 3.40. Ne および He の σ_i とその近似.

んなに大きい電子はほとんど存在しないので，そのあたりは省略した．このように σ_i は $\epsilon=\epsilon_i(\equiv qV_i)$ からほぼ直線的に立ち上がり，次第に放物線的傾向にうつりながら最大値 σ_{im} に達し，その後，ゆるやかに減少する．このような傾向を表わす近似式はいろいろ考えられるであろうが，ここでは少し荒い近似ではあるが同図に細線で示すような折線を用いてみる．すなわち

$$
\left.
\begin{array}{lll}
0<\epsilon<\epsilon_i & \text{の範囲で} & \sigma_i=0 \\
\epsilon_i\leq\epsilon\leq\epsilon_0 & \text{の範囲で} & \sigma_i=\sigma_{im}\dfrac{\epsilon-\epsilon_i}{\epsilon_0-\epsilon_i}\equiv a(\epsilon-\epsilon_i) \\
\epsilon_0<\epsilon & \text{の範囲で} & \sigma_i=\sigma_{im}
\end{array}
\right\}
\qquad (3.177)
$$

とするのである．

ϵ_0 の決定法は図中に記入した．この近似式は $0<\epsilon<1.5\,\epsilon_i$ ぐらいの範囲では非常によい近似式であるが，それより ϵ の大きい範囲に対しては実際の σ_i から相当はずれる．しかし上にもちょっと言ったように，ϵ の大きい範囲における近似式は実はどうでもよいのである．たとえば Ne のプラズマで kT_e が 4 eVの場合を考えてみよう．そうすると式 (2.35.2) において ϵ_0 に対応する x は約 18 となるから，**図 2.7** を見ればわかるように ϵ が ϵ_0 より大きいような電子は存在しないとみてよい．したがって $\epsilon_0<\epsilon$ の範囲で σ_i 近似式をどう定めようと，それは $\langle\sigma_i v_e\rangle$ の計算には影響のないことである．したがって，なるべく式を簡単にするために式 (3.177) を少し変えて

$$
\left.
\begin{array}{lll}
0<\epsilon<\epsilon_i & \text{の範囲で} & \sigma_i=0 \\
\epsilon_i\leq\epsilon & \text{の範囲で} & \sigma_i=a(\epsilon-\epsilon_i)
\end{array}
\right\}
\qquad (3.178)
$$

とおくことにする．この近似式はよく用いられている．はじめての人はこの式

が ϵ の大きい所で実測値とはなはだしい食いちがいを示すことのために，この式を受け入れるのに抵抗を感じるかも知れないが，問題を $kT_e<qV_i$ となっているような弱電離気体に限るならば，上に説明したような理由によってさしつかえないのである．σ_i をこのようにおき，マクスウェル分布の式として式 (2.35.1) の形を用いると〔$\epsilon=(1/2)m_e v_e^2$ なる関係を用いて〕

$$\langle\sigma_i v_e\rangle=\frac{1}{n_e}\int_{\epsilon=\epsilon_i}^{\infty}a(\epsilon-\epsilon_i)v_e\,dn_e(\epsilon) \tag{3.179}$$

$$=\int_{\epsilon_i}^{\infty}a(\epsilon-\epsilon_i)\left(\frac{2\epsilon}{m_e}\right)^{1/2}\cdot\frac{2\epsilon^{1/2}}{\sqrt{\pi}\,(kT_e)^{3/2}}e^{-\frac{\epsilon}{kT}}d\epsilon$$

$$=\frac{a}{\sqrt{\pi m_e}}\left(\frac{2}{kT_e}\right)^{3/2}\int_{\epsilon_i}^{\infty}\epsilon(\epsilon-\epsilon_i)e^{-\frac{\epsilon}{kT_e}}d\epsilon$$

この積分の計算はちょっと手間がかかるが，部分積分を2度繰り返すことによって行なえて

$$\langle\sigma_i v_e\rangle=akT_e\left(\frac{8kT_e}{\pi m_e}\right)^{1/2}e^{-\frac{\epsilon_i}{kT_e}}\left(\frac{\epsilon_i}{kT_e}+2\right) \tag{3.180}$$

$$=a(\epsilon_i+2kT_e)\langle v_e\rangle e^{-\frac{\epsilon_i}{kT_e}} \tag{3.181}$$

となる．この右辺のうちの $a(\epsilon_i+2kT_e)$ は**図 3.40** に示すように，$2(\epsilon_i+kT_e)$ なるエネルギーの電子に対する σ_i である．そこで

$$a(\epsilon_i+2kT_e)\equiv\sigma_i^* \tag{3.182}$$

とおくと式 (3.167) は

$$g'=n_m\sigma_i^*\langle v_e\rangle e^{-\frac{\epsilon_i}{kT_e}} \tag{3.183}$$

となる．これぐらい簡単な式なら取り扱いも苦労は少ない．

最後に (3) について

これはすでに 3.4 節で計算した．すなわち弾性衝突が主である場合は式 (3.72) が成立する．また**図 3.20** には測定結果が示されているから，これを用いてもよい．

これで弾性衝突が主とみられる弱電離気体の電界を計算する準備ができた．そこで実際に数値計算をやってみる．

式 (3.176) 中の μ_i に式 (3.113.1) を用いると

$$g'=\frac{5.78}{R^2}\cdot\frac{\mu_{i1}}{p_0}\cdot\frac{kT_e}{q} \tag{3.184}$$

次に n_{m1} を 0°C, 1 mmHg における n_m とすると

$$n_m=p_0\,n_{m1}$$

であるから，式 (3.183) は

$$g'=p_0\,n_{m1}\,\sigma_i^*\langle v_e\rangle e^{-\frac{\epsilon_i}{kT_e}} \tag{3.185}$$

式 (3.184) と式 (3.185) から g' を消去すると

$$\frac{5.78}{(Rp_0)^2}=\frac{n_{m1}\,\sigma_i^*\langle v_e\rangle}{\mu_{i1}}\cdot\frac{q}{kT_e}\cdot e^{-\frac{\epsilon_i}{kT_e}} \tag{3.186}$$

この式はプラズマの定常状態を維持するためにはどれだけの T_e が必要であるかを示す．これを見ると，気体の種類を定めれば T_e は Rp_0 だけの関数となることがわかる．そこで He と Ne について T_e と Rp_0 の関係を計算してみると**図 3.41** のようになる．このように Rp_0 を小さくすると T_e は増加する．これは R を小さくすると管壁が近くなるために，また p_0 を小さくすると拡散が盛んとなるために管壁での再結合が盛んとなるから，放電を維持するためには T_e を高くして電子の発生を盛んにしなければならないことを表わしている．

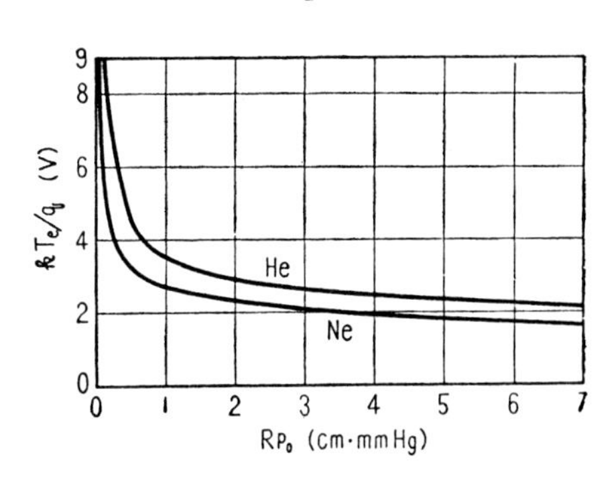

図 3.41. Rp_0 と T_e との関係（計算値）．

次にこの T_e を維持するために必要な電界を式 (3.72) から求め，**図 3.41** を E/p_0 と Rp_0 の関係に書きなおすと**図 3.42** の実線のようになる．式 (3.72) は E/p_0 と T_e が比例することを示しているから，2つの図面のカーブが同じ形となるのは当然である．このようにして計算された電界強度が実測値とどのくらいよく合うかということは興味ある問題である．そこで実験データを

さがして**図 3.42** に書きこんでみると点線のようになる．このように理論値と実測値の一致はあまりよくないが，それでも Rp_0 を小さくすると E/p_0 が大きくなること，および He の方が E/p_0 が大きいというような点では理論と実験とが一致している．まずまずの成績ということもできるし，またこの両者の不一致の原因がいったい何であるかを調べてみるのも興味ある問題であるが，この本の程度から考えてこの問題はこのへんで打ち切り，先に進むこととする．

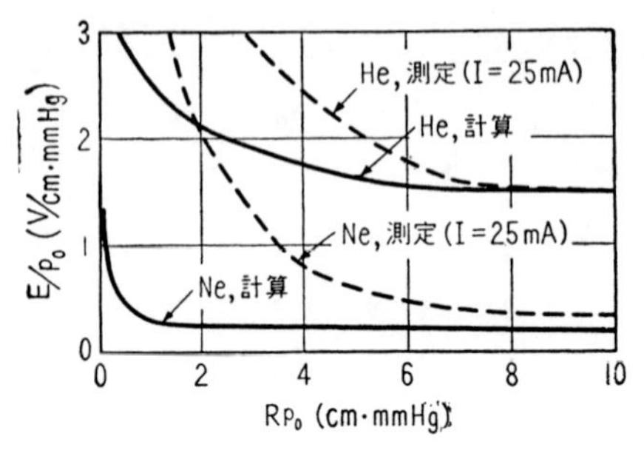

図 3.42. Rp_0 と E/p_0 の関係．

以上の説明で不十分ではあるがとにかく電界強度の正体を明らかにすることができた．言いかえれば**図 3.42** の点線で示される実測値を見たとき，我々はもはやこれを単なる1本の曲線と見るだけでなく，その背後にあるいろいろな現象も頭の中に思い浮かべながら，この曲線に対する深い理解を持ってながめることができるのである．さて，今まで述べてきた電界強度の理論には電流が全然関係していない．これは電界強度は電流に無関係，言いかえればプラズマが定電圧特性を持つことを示している．このようなプラズマが放電管内に満たされ，その端子電圧が V_D であるとき，これを**図 3.43** に示すように接続すると放電電流 I は

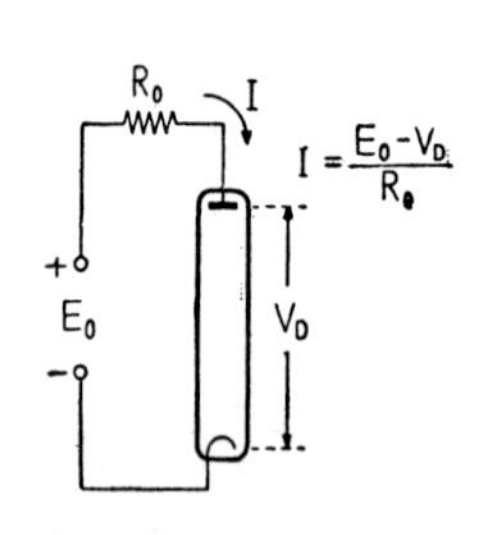

図 3.43. 放電電流の決定．

$$I=(E_0-V_D)/R_0 \tag{3.187}$$

となり，I は外部回路の抵抗に逆比例して変化することがわかる．このようにして決定された I を通すのに必要なだけの n_e がプラズマ内に現われるのである．前節の（例題3）では n_e は任意定数であることを述べ，実際の n_e がどのようにして決定されているかの説明は行なわなかったのであるが，ここで初めて n_e が外部回路の条件で決定されること，いわば全くあなたまかせで決定されていることを明らかにしたのである．ところで（例題3）の条件を満た

すようなプラズマが実際に定電圧特性を示すかどうかを実験してみた結果の一例を示すと **図 3.44** のようになる．すなわち大ざっぱに言って定電圧的であるが，もっと正確に言えば V_D は電流の増加と共に次第に減少している．このようなプラズマの弱い負抵抗性は前記の理論では説明できない．これは負抵抗性の原因は累積電離であると思われるのに，前記の理論ではこれを省略しているからである．

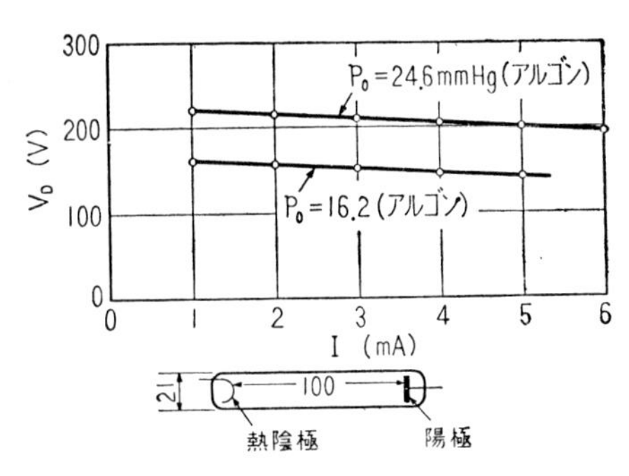

図 3.44. プラズマの定電圧性．

前記の理論のこのような不完全さには目をつぶり，とにかくだいたいにおいて正しい理論であるとしてこれを採用するならば，電気伝導度は次のようにして計算することができる．まず式 (3.186) を

$$kT_e=f(Rp_0)$$

の形に解き，式 (3.72) を

$$E/p_0=CkT_e$$

の形において両式を組み合わせて

$$E/p_0=Cf(Rp_0) \tag{3.188}$$

を得る．この式が **図 3.42** の実線である．これと式 (3.84) から電気伝導度を σ' とすると

$$\sigma'=\frac{i_e}{E}=\frac{q\,n_e\,u_e}{Cp_0\,f(Rp_0)} \tag{3.189}$$

この値は今までに得られた知識によって容易に計算することができる．そこでこの値を金属の σ' と比較してみよう．プラズマの σ' のなるべく大きい値を得るために管径が十分大きい場合を選ぶこととし，$Rp_0=10\,\text{cm}\cdot\text{mmHg}$ としよう．そうして式 (3.189) の分母には **図 3.42** の測定値を，分子の u_e は **図 3.28** の値を用いるとし，$R=2\,\text{cm}$，したがって $p_0=5\,\text{mmHg}$ とすると，

Ne に対し $E/p_0 \simeq 0.4\,\mathrm{V/cm \cdot mmHg}$, He に対して $E/p_0 \simeq 1.5\,\mathrm{V/cm \cdot mmHg}$ となり，この値に対する u_e として Ne の場合は $8\times10^5\,\mathrm{cm/sec}$, He に対して $1.3\times10^6\,\mathrm{cm/sec}$ が得られるから，σ' の値は

Ne に対し

$$\sigma' = \frac{1.6\times10^{-19}\times8\times10^5\times n_e}{0.4\times5} = 6.4\times10^{-14}\,n_e(\Omega\,\mathrm{cm})^{-1}$$

He に対し

$$\sigma' = \frac{1.6\times10^{-19}\times1.3\times10^6\times n_e}{1.5\times5} = 2.8\times10^{-14}\,n_e(\Omega\,\mathrm{cm})^{-1}$$

このように電気伝導度は n_e に比例して増加する．これが金属の場合，電気伝導度は金属の種類を定めればはっきりと定まってしまうのと比較して非常に異なる点である．上の式をみると σ' は n_e を増せばいくらでも増加するように考えられるが，今まで取り扱ってきたプラズマは弱電離のプラズマであるので，n_e をそう増すわけにはゆかない．$p_0=5\,\mathrm{mmHg}$ のときは $n_m=1.8\times10^{17}\,\mathrm{cm^{-3}}$ であるから，電離度が 1/100 まで弱電離としての取扱いができるとすると，$n_e=1.8\times10^{15}$ が n_e の上限となる．n_e としてこの値を用いると，

Ne に対し

$$\sigma' = 115(\Omega\,\mathrm{cm})^{-1}$$

He に対し

$$\sigma' = 50(\Omega\,\mathrm{cm})^{-1}$$

となる．（電流密度は Ne の場合 $230\,\mathrm{A/cm^2}$, He の場合 $380\,\mathrm{A/cm^2}$ となる）．これに対し銅の σ' は $5.9\times10^5(\Omega\,\mathrm{cm})^{-1}$, 鉄の σ' は $10^5(\Omega\,\mathrm{cm})^{-1}$ である．水銀の σ' は金属としては非常に小さい値であるが，それでも $1.04\times10^4(\Omega\,\mathrm{cm})^{-1}$ であり，上記の値に比較して格段に大きい．もちろん上記のプラズマの σ' の検討は Ne と He だけについてしか行なっておらず，しかも R や p_0 をある値に定めたときの値であるので，この値が決して弱電離プラズマの σ' の上限ではないのであるが，このようにはなはだしい桁違いの差のあることから考えて，p_0 が 10mmHg 程度以下の弱電離プラズマの電気伝導度は金属のそれよりもずっと小さいものであるということを読者は了解できる

であろう．しかし超高温の完全電離プラズマとなると次にのべるような２つの理由で σ' が増加する．

(1) n_e が n_{m0} と等しい値まで増加する．

(2) 温度が高くなると粒子のエネルギーが大きくなるために，衝突しても軌道があまり曲がらなくなる．言いかえれば粒子の運動は多分に直進的となる．このことは式 (3.100) についていうと λ_e が長くなることであり，したがって u_e が増加して σ' が増加する．つまり T_e が高くなると σ' は増加する．

この２つのことを考えに入れて，水素の完全電離プラズマ（それは電子と H^+ から成る）の σ' を計算した結果は

$$\sigma' \simeq 10^{-5}\, T_e^{3/2}\ (\Omega\,\mathrm{cm})^{-1}$$

となる．したがって $T_e=10^6\,{}^\circ\mathrm{K}$ の場合は $\sigma' \simeq 10^4 (\Omega\,\mathrm{cm})^{-1}$ となり水銀とほぼ等しくなり，$T_e=10^8\,{}^\circ\mathrm{K}$ となると $\sigma' \simeq 10^7 (\Omega\,\mathrm{cm})^{-1}$ となって銅の値をはるかに越えるのである．このようにプラズマの σ' が非常に広い範囲にわたって変化するということは興味あることである．

3. 11. 電 位 分 布

* プラズマ内の電位分布を前節同様 3.9 節の（例題３）の場合について説明しよう．このように（例題３）について特に詳しく説明するのは，その理論的取扱いが容易であり，しかも放電管内のプラズマの電気伝導を説明する例題として最も適当であるからである．

電位 V は r と z の関数であるが，z 方向の電位分布は前節で求めた E の値から直ちに定まるから，ここでは $z=z_1$ (z_1 は任意) で切った面上において V が r のどのような関数であるかを求めればよい．これは式 (3.150), (3.151) のいずれかと式 (3.153) を用いることによって次のようにして求めることができる

まず式 (3.150) を用いて求めてみよう．これと式 (3.153) を組み合わせて

$$D_a \frac{dn_0}{dr} = n_0 \mu_e E_r + D_e \frac{dn_0}{dr}$$

この式の左辺と右辺の第2項の大きさの比は D_a/D_e である．この値は式 (3. 156) からわかるように1よりはるかに小さい．つまり**図 3.35** にも示したように左辺は右辺の各項に比較して非常に小さい．そこで左辺を近似的に0とおくことを許すと

$$n_0\mu_e E_r + D_e\frac{dn_0}{dr}=0$$

となる．これは式 (3.134) と比較してみてもわかるように熱平衡の式である．つまり電子ガスは近似的に熱平衡にあるとみることができる．したがって V と r の関係は容易に求まる．上式において $E_r=-(dV/dr)$ とし，アインシュタインの式を用いるならば

$$\frac{dV}{dr}=\frac{kT_e}{q}\cdot\frac{1}{n_0}\cdot\frac{dn_0}{dr} \tag{3.190}$$

これを解くと

$$\frac{qV}{kT_e}=\log Cn_0 \tag{3.191}$$

ただし，C は積分定数である．電位の基準を $r=0$ なる点にとり，$r=0$ において $V=0$ とすると，$r=0$ では n_0 は $n_0{}^*$ であるから $C=1/n_0{}^*$ と定めることができる．したがって

$$n_0=n_0{}^*\,\varepsilon^{\frac{qV}{kT_e}}$$

これは式 (2.61) と同じ式であり熱平衡とみなした当然の帰結である．V は式 (3.191) に式 (3.174) の n_0 を代入して

$$V=\frac{kT_e}{q}\log\left\{J_0\left(2.41\frac{r}{R}\right)\right\} \tag{3.192}$$

これで V と r の関係が求まった．

V と r の関係の数値計算は T_e をパラメータとして行なわなければならないが，式 (2.11) を式 (2.18) のように書きなおして図示したのと同じ要領で

$$y\equiv\frac{qV}{kT_e}=\log\left\{J_0\left(2.41\frac{r}{R}\right)\right\}$$

として y と r/R の関係を図示すると，**図 3.45** のように1本の曲線で間に合う．これは r と V をセンチメートルやボルトで示さず，r を R に対する

比率，V を kT_e/q に対する比率，つまり kT_e/q の何倍になっているかで表わしたことにほかならない．

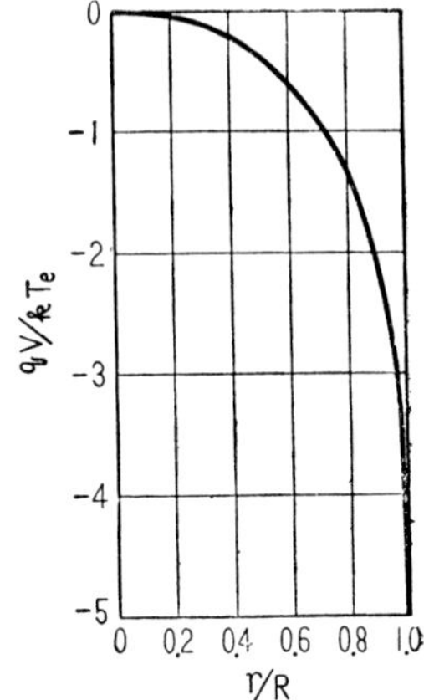

図 3.45．半径方向の電位分布．

このようにある物理量を表わすのに通常の単位を用いず，基準となるある物理量（上記の R や kT_e/q）に対する比率で表わすと曲線による表示が簡単になったり，物理的意義の把握が楽になったりすることがよくある．この方法はしばしば用いられるから，読者はこのような方法になれることが望ましい．

さて本論にもどり，**図 3.45** からわかるように電位は管の中心部では ほぼ平坦であるが， 管壁に近づくに従って次第に低下し，$r=0.7R$ あたりでほぼ $-kT_e/q$，つまり $T_e(k/q)$ ボルトだけ中心の電位より低くなり，その後急激に降下する．ただし，$r=R$ で $-\infty$ となるのは式 (3.172.1) のように簡単のために $r=R$ において $n_0=0$ としたための結果であって，実際には $r=R$ においても n_0 は 0 ではないから V も $-\infty$ にはならない．すなわち，この図の $r=R$ の近くの値は正しくないのである．

式 (3.192) は式 (3.151) からも求めることができる．式 (3.151) と式 (3.152) および式 (3.153) から

$$-D_a\frac{dn_0}{dr}=n_0\,\mu_i\,E_r-D_i\frac{dn_0}{dr}$$

この式の左辺と右辺の第 2 項の大きさの比は D_a/D_i である．この値は式 (3.156) からわかるように 1 よりはるかに大きい．つまり**図 3.35** にも示したように拡散電流，すなわち右辺の第 2 項は他の項に比較して非常に小さい．そこでこの項を 0 とおくことを許すと

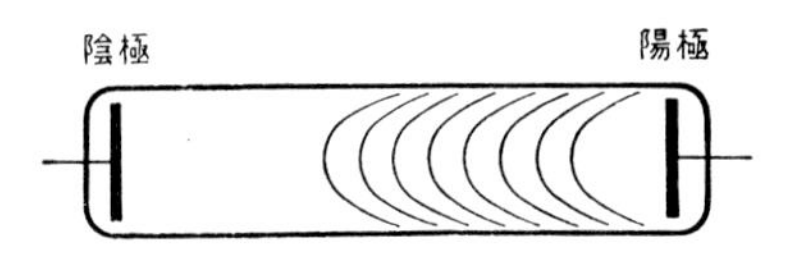

図 3.46．円筒形プラズマ内の等電位面．

$$D_a\frac{dn_0}{dr}=n_0\,\mu_i\frac{dV}{dr}$$

これと式 (3.155) から

$$\frac{kT_e}{q}\cdot\frac{dn_0}{dr}=n_0\frac{dV}{dr}$$

これは式 (3.190) にほかならない. 図 3.46 は以上の知識を用いてプラズマ**内の等電位面のだいたいの形を示したものである.

3. 12. プラズマの諸量の測定, 探針法

3.4 節から前節までにわたって弱電離プラズマ内の T_e, n_0, i, V 等を理論的に求める方法を説明し, その結果を測定値と比較して理論値と実験値とがだいたいにおいてよく合うことを示した. しかしながら駆動速度の測定法を除いては, 測定がどのようにして行なわれたかを全然説明しなかったので, ここでプラズマの諸量の測定法について説明することとしよう.

プラズマの性質を表わす諸量の内でも, i やその方向の電界強度は普通の電気計測の方法で測定できる性質のものであるが, T_e は放電管内に寒暖計を挿入しても測定することはできない. それは 3.4 節の終りのあたりで述べたように, 寒暖計のガラス球の温度と T_e とは一般に等しくなれないからである. また n_0 を直接数えることなどはもちろんできるものではない. そこで我々は何か新しい測定法を考え出さなければならない. そこで読者と一緒にこの問題を考えてゆくようなつもりで説明してみよう.

まず気体の n_m を測定するにはどんな方法をとるかを思いおこしてみると, これを直接数えることはできないから, $p=n_m kT$ なる関係式を用い, n_m を測定可能な量, p および T に関係づけ, それらの測定値をこの式に代入して n_m を知るのであった. 今から考えようとする測定法も, 結局このようにまず測定しようとする量 (T_e や n_0) とある測定可能な量 X との理論的関係 Y (上記の $p=n_m kT$ のごとき) を明らかにし, X の測定値から Y なる関係をたどって測定しようとする量を知る方法でなければならない. こう考えると新しい方法をみつけるということは, 上記の $p=n_m kT$ に相当する何かうまい関係式をみつけることにほかならないということになる. そこでプラズマについて今まで学んだ知識の範囲内で, 何か 1 つ知恵をしぼってみようと思うのである.

ここでちょっと横道にそれるが，うまい知恵はおいそれと出るものではないから，少しばかり余談を試みる．医者が患者を診断する場合を考えてみよう．医者が患者の内臓の状態を知りたいとき，もし外科医であるならば切開してそのものずばりをみるであろうが，内科医ならばそうはゆかない．聴診，打診，ツベルクリン反応注射その他いろいろな方法がとられる．これらはいずれも一種の測定法とみることができる．これと同じようにプラズマの諸量を測定する方法，言わばプラズマの診断法にもいろいろな方法がある．こじつけのようでもあるが，それらをお医者さんの診察の方法になぞらえて説明してみよう．

聴診の方法は患部から発生している音を聞いて診断する方法である．プラズマの場合もプラズマから発射される波動を測定してプラズマの諸量を測定する方法がある．プラズマから出る光や電子の熱運動のために発生する電磁波を測定する方法である．

打診の方法は患部に対して波動を与え，その波動が患部にあたってどのように変化するかを調べて診断を行なう方法である．プラズマ診断の場合のマイクロ波による方法がこれに似ている．すなわちプラズマに適当な周波数のマイクロ波を当て，プラズマ内部の電子やイオンとの相互作用の結果，マイクロ波の振幅や位相がどのように変わるかを測定することによってプラズマ診断を行なう方法である．

これらの方法はいずれも興味ある方法であって，今後発展の期待される方法であるが，このような測定法の基礎となる理論については今まで全然説明していないので，前記の Y に相当する関係式を導き出してお目にかけるわけにはいかない．したがって，これ以上の説明を行なうのははなはだむずかしい．これに反して今から述べようとしている**探針法**（または**探極法**）という測定法は今までに得られた知識だけで十分理解できるものであり，かつその理論的裏付けもしっかりしており，弱電離プラズマの測定法としては欠かすことのできないものである．そこでこれからもっぱらこの方法について説明を行なうこととする．

探針法は**図 3.47** に示すような回路で行なわれる．**探針**または**探極**（probe または sonde）の本体はプラズマ内に挿入された小さい電極 P であって，これと陽極または陰極（図の場合は陽極）とを V_p なる電位差を与えて接続すると，プラズマ内で熱運動を行なっている電子やイオンが P に飛び付き，その結果，探針電流 I_p が発生する．P に飛び付く電子やイオンの量は V_p を変えれば当然変わるであろうから，I_p は V_p を変えれば変化するであろう．この I_p と V_p との関係（これが前記の X に相当）を測定し，これと測定しようとする量，すなわち P の存在する点のプラズマの電位(V_F)，T_e，n_0 等との理論的関係（これが前記の Y に相当）を明らかにしてこれらの量を知るのが探針法である．探針の位置を変えられるようにしておけば，プラズマ内の任意の点のこれらの量を知ることができる．この方法はプラズマを形成する物質を一部外に取り出して，取り出されたものに関する情報から内部の状態を知る方法であるから，しいてお医者さんの診断法の中に類似の方法を見つけるならば，それは血液検査の方法であると言えないであろうか．

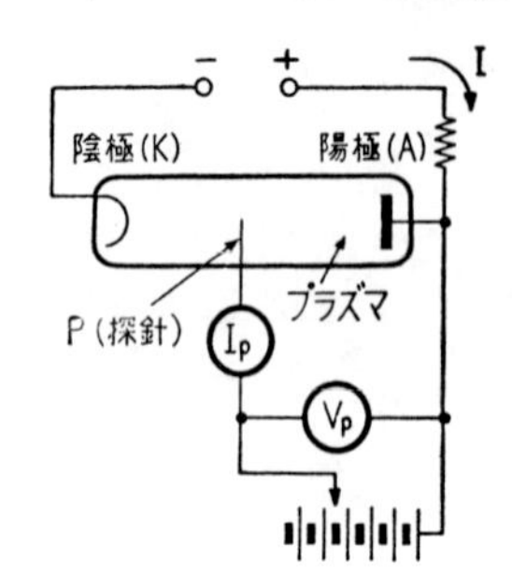

図 3.47．探針法の基本的回路．

次に探針法における関係式 Y がどのようなものであるかを説明しよう．一口に探針といってもその形はいろいろである．**図 3.48** はよく用いられる3つの形を示す．普通 Ni や Mo で作られる．(*a*) は平面探針で円板の上面が電子やイオンを集める役をする．その下面や金属支持物は表面を絶縁物でおおい，この部分を通しては I_p が流れないようにして理論的取り扱いを容易にする．3種の探針のうち，一番理論的取り扱いのたやすいのは平面探針であるので，以下もっぱらこれについて説明しよう．探針法を行なうにあたっては次のことを注意しなければならない．探針の形を大きくするとそれに比例して I_p が増加するが，これが放電管の放電電流 I に比較して無視できないぐらいに大きくなると，I_p をとることによってプラズマの状態が変化してしま

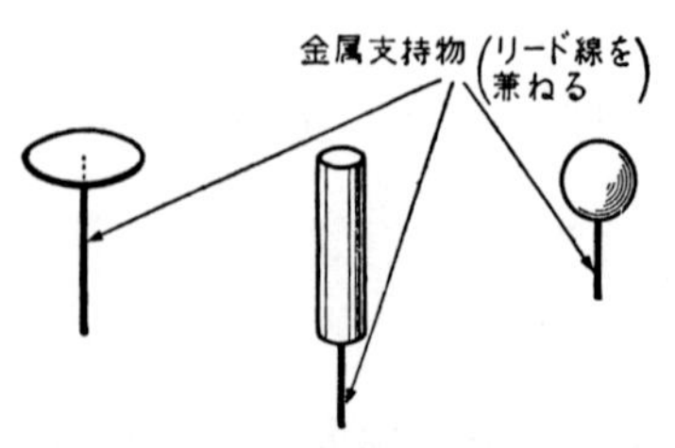

図 3.48．探針のいろいろ．

い，したがって測定しようとしているプラズマの諸量も変化するから，測定の目的からみてはなはだ都合が悪い．そこで探針の形は十分小さくして I_p を少なくし，このような不都合がおきないようにしなければならない．血液検査の場合，採血量は患者の健康状態に影響のない程度の量でなければならないのと同様である．

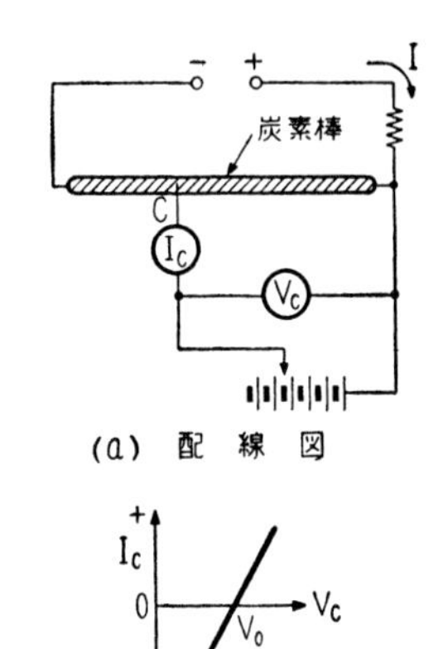

図 3.49. 電位計式方法による電位の測定．

探針法は前述のように V_F, T_e, n_e 等を測定する方法であるが，このうち V_F の測定は最も容易のように思われる．それは次のような考えからである．**図 3.49** (*a*) に示すように，炭素棒に電流 I を通した場合の炭素棒上の1点，C の電位は同図に示すような配線で測定できるであろう．すなわち C 点に針金を当て，これに V_c なる電圧を与え，V_c を変化させて I_c を測定すると同図 (*b*) に示すようになるであろう．そして容易にわかるように，$I_c=0$ ならしめる V_c の値，V_0 が C 点の電位を示すのである．これはポテンショメータ的方法である．ところで **図 3.49** (*a*) は **図 3.47** の放電管を炭素棒に置きかえただけで，その他は全く同じ回路であるので，**図 3.47** の場合も $I_p=0$ ならしめる V_p の値が P 点の V_F を示すように思われる．

この考え方はだいたいにおいて正しい．しかしながら **図 3.49** (*a*) の場合も正確には針金と炭素棒との間に発生する接触電位差の値だけ補正を行なわなければならないのと同様に，**図 3.47** の場合もプラズマと探針の表面との間に発生する電位差をよく考え，この分だけ補正を行なわなければならないのである．

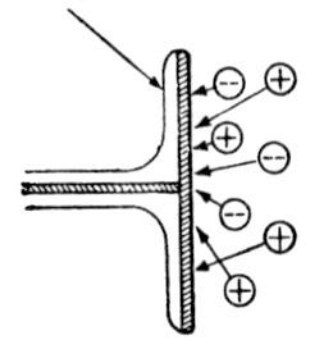

図 3.50. 探針法の説明（その1）．$V_p'=0$ の場合．

この問題を説明する順序として，**図 3.49** (*b*) に相当する特性が探針法の場合はどのようになるかを考えてみよう．**図 3.50** はプラズマ内につける平面探針を拡大して示す．プラズマと探針との間に発生する電位差は **図 3.51** に示すように探針を形成する金属の表面に存在す

る接触電位差 ϕ_p（仕事関数と呼ばれる）と探針の表面とプラズマの内部との間に発生する電位差 V_p' との和から成る．**図 3.51** は **図 2.6** と同じように電位の正の方向を下向きに，電子エネルギーの正の方向を上向きに取ってあるから注意されたい．陽極面にも仕事関数 ϕ_A があり，**図 3.47** の $\boldsymbol{V_p}$ は探針と陽極の**フェルミ準位** (Fermi level. 図には F.L. で示す）の差となるから，陽極面の外側の電位を規準として V_F を表わし，符号をよく考えながら電位の加算を行なうと

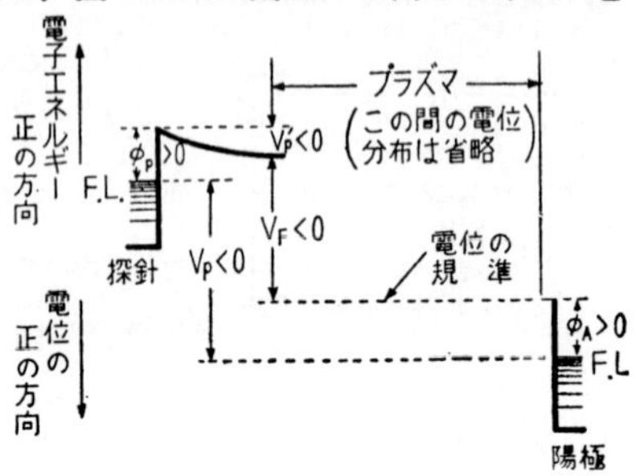

図 3.51．探針面および陽極面に発生する電位差．

$$\phi_A - V_F - V_p' = -V_p + \phi_p \tag{3.193}$$

ただし，V_p' は V_F からみた P の電位である．陽極と探針とを同じ材料で作ると $\phi_A = \phi_p$ となるから，

$$V_p' = V_p - V_F \tag{3.194}$$

となる．簡単のためにこのような場合を考え，まず $V_p'=0$ である場合，どのような I_p が流れるかを考えてみよう．この場合は P の前面にはプラズマ内に始めから存在する小さい電界を除いては電界が存在しないから，電子やイオンの熱運動は何らさまたげられることなく，P のない場合と全く同様に飛びまわりながら，P の表面にぶつかる．したがって P の表面の単位面積あたりに1秒間にとびつく電子およびイオンの数をそれぞれ $\Gamma_e(\rightarrow)$ および $\Gamma_i(\rightarrow)$ とすると，それは電子やイオンの速度がマクスウェル分布であれば式 (2.31) と同じ形で表わされ

$$\Gamma_e(\rightarrow) = (^1/_4) n_0 \langle v_e \rangle, \quad \Gamma_i(\rightarrow) = (^1/_4) n_0 \langle v_i \rangle \tag{3.195}$$

そして，P の表面の面積を A' とすると I_p は次式に示す値となる．この値を $\boldsymbol{I_{ps}}$ としよう．

$$I_{ps} = (^1/_4) A' q\, n_0 (\langle v_e \rangle - \langle v_i \rangle) \tag{3.196}$$

ただし，I_p の正の方向は便宜上電子の流れる方向にとる．すなわち普通の電流の方向とは逆の方向にとってある．イオン電流を省略すれば，第1項だけで

よい．$V_p'=0$ のときは式 (3.194) から $V_F=V_p$ となるから，I_{ps} が流れている場合の V_p が V_F を与える．$\phi_A \neq \phi_p$ の場合は

$$V_F=V_p+(\phi_A-\phi_p) \tag{3.197}$$

から V_F を知ることができる．

それでは，式(3.196) で示されるような I_p が流れているということはどのようにして知ったらよいかが問題である．これはちょっと考えるとむずかしそうに思えるが，幸い $I_p=f(V_p)$ の曲線は**図 3.49** (*b*) に示すような直線とならず，$V_p'=0$ の点で折り曲がりを生ずるはずなので，この点から V_F を知ることができる．

次になぜ折り曲がりを生ずるかを説明しよう．まず V_p を低下させ，$V_p'<0$ ならしめた場合，I_p がどのように変わるかを考えてみよう．**図 3.52** の斜線をひいた部分（S と名付ける）に V_p' がかかっているとすると，この部分に存在する電界は，プラズマから探針に飛びつこうとするイオンに対しては加速電界として働くが，電子に対しては減速電界として働く．したがって図に示すようにエネルギーの大きい電子はなおその減速電界に打ち勝って探針に飛びつくが，エネルギーの小さい電子は途中ではね返され，探針に到達することができない．その結果 $\Gamma_e(\rightarrow)$ は減少するわけであるが，その計算はマクスウェルの速度分布をなす電子のうち，どれだけの電子が V_p' なる逆電界に打ち勝って P に到着するかの計算であるから，結局，式 (2.33) に示した $\Gamma_e(M\rightarrow v_c)$ の計算と同じになる．したがって

$$\Gamma_e(\rightarrow)=(1/4)\langle v_e\rangle n_0 e^{\frac{qV_p'}{kT_e}} \tag{3.198}$$

を得る．一方，$\Gamma_i(\rightarrow)$ は変わらない．しかし**図 3.52** の S の内部にはイオンを加速する電界が存在するので，この部分がプラズマに接している面の全表面積を $A'(1+\delta)$ とすると，この面を通過するイオンは全部探針に集められるから，探針の有効表面積が A' から $A'(1+\delta)$ に増加したとみることができ

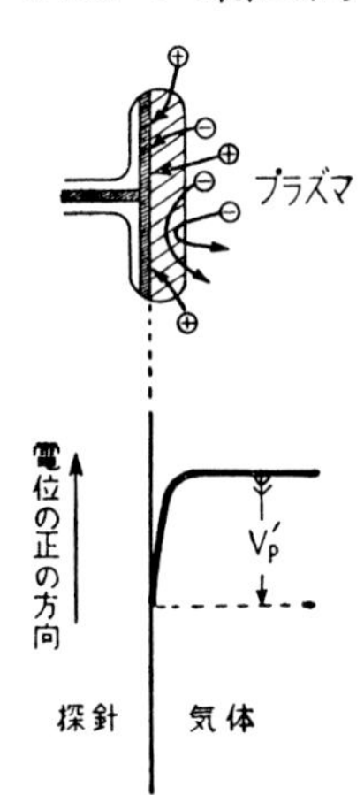

図 3.52．探針法の説明（その2）．$V_p'<0$の場合．

る．この現象は I_p を増加させる働きを行なう．これらのことを考慮すると，

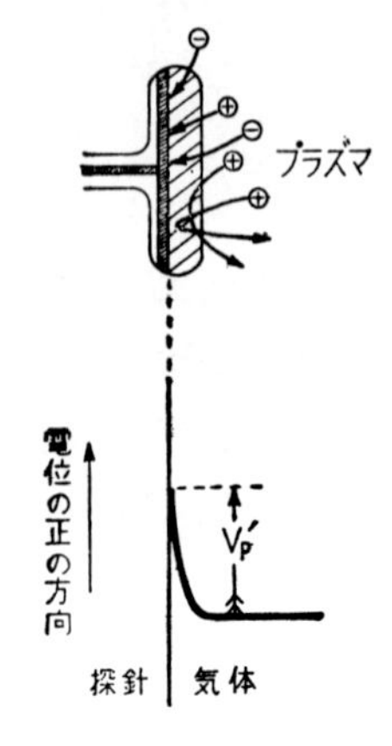

図 3.53. 探針法の説明（その 3）．$V_p'>0$ の場合．

式(3.196) に対応して I_p は

$$I_p=(1/4)A'(1+\delta)q\,n_0\,(\langle v_e\rangle e^{\frac{qV_p'}{kT_e}}-\langle v_i\rangle) \tag{3.199}$$

V_p' が小さい間は S もうすいから δ は非常に小さい．したがって I_p は I_{ps} より減少する．

逆に V_p を上昇させて $V_p'>0$ ならしめると事情は全く逆になり，**図 3.53** に示すように探針の前面には電子に対する加速電界，したがってイオンに対する減速電界が発生する．したがって今度はイオンがはね返される立場となり，この場合の I_p は式(3.199) を導いた場合と全く同様に計算できて

$$I_p=(1/4)A'(1+\delta)q\,n_0\left(\langle v_e\rangle-\langle v_i\rangle e^{-\frac{qV_p'}{kT_i}}\right) \tag{3.200}$$

上記の 2 式から $V_p'=0$ の近傍における $I_p=f(V_p')$ の曲線を求めることができるわけであるが，次の省略を行なえばさらにわかりやすい．すなわち V_p' が小さい間は $\delta\ll 1$ とおけるから δ を省略し，かつ，電子電流に対してイオン電流を省略し，$\langle v_e\rangle$に式 (2.21) の形を用いると

$$V_p'<0 \text{ のとき}\quad I_p=A'q\,n_0(kT_e/2\pi m_e)^{1/2}\,e^{\frac{qV_p'}{kT_e}}=I_{ps}\,e^{\frac{qV_p'}{kT_e}} \tag{3.201}$$

$$V_p'>0 \text{ のとき}\quad I_p=A'q\,n_0(kT_e/2\pi m_e)^{1/2}=I_{ps} \tag{3.202}$$

となる．この式は $V_p'<0$ とすると I_p は減少するが，$V_p'>0$ としても I_p は変わらないことを示すから**図 3.54** の a 点の近くのようになるであろう．これで $V_p'=0$ の点で折り目が生ずることを期待してよいことがわかったであろう．

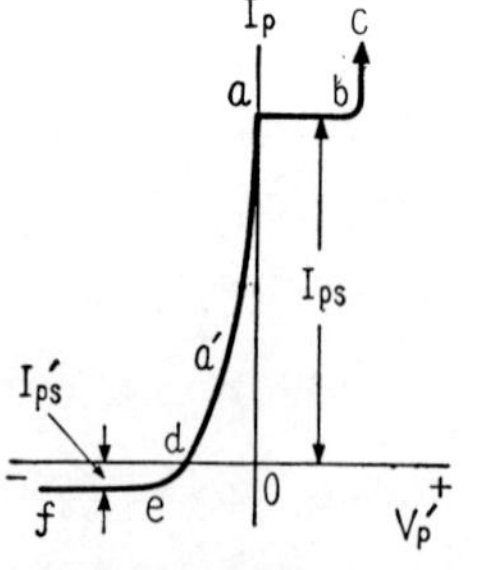

図 3.54. 予想される $I_p=f(V_p')$ の形．

次に V_p' をさらに高く，またはさらに低くした場合はどうなるかを考えてみよう．V_p' を高くしてゆくと S の内部で加速される電子は，ついに S 内に

ある中性分子に衝突して衝突電離をおこすようになるであろう．こうなると第4章で説明するように I_p は急増するから bc のようになるであろう．逆に V_p' をずっと下げてゆくと I_p の電子電流成分，すなわち式 (3.199) の右辺の第1項はどんどん減少し ($a \to a'$ に相当)，ある点でついにイオン電流成分（同式の右辺 第2項）と等しい大きさになり，互に打ち消し合って $I_p=0$ となるであろう．これが d 点である．V_p' をもっと下げるとイオン電流成分の方が勝って電流の方向が逆転するであろう．V_p' をさらに下げると電子はほとんど全部はね返されるようになり，イオン電流だけが残るであろう．この場合の I_p の大きさは I_{ps} に比べればずっと小さい．これが ef である．$I_p=f(V_p')$ 曲線はざっとこのような形になることが予想されるのである．

さて，V_F は a なる折り曲がりの点から知りうることは前に述べたから，次に T_e と n_e をこの曲線からどのようにして知るかを説明しよう．未知数は2つだから方程式は2つあればよい．ところで我々は式 (3.201) と式 (3.202) という2つの方程式をちゃんと持っており，しかもこの式には I_p，V_p' という測定可能な量を除いては未知数としては T_e，n_e の2つしかないからしめたものである．この2式に $V_p'=0$ の近くの I_p および V_p' の測定値を代入して得られる2つの方程式を連立方程式として解けば，n_e と T_e が求まるはずである．この考え方は筋道が通っている．しかし，これを実際に行なうには少し頭をはたらかせて次のようにして行なうのがよい．式 (3.201) の両辺の対数をとると

$$\log I_p=\log I_{ps}+(q/kT_e)V_p' \tag{3.203}$$

したがって I_p の代わりに $\log I_p$ を y 軸にとると $I_p=f(V_p')$ の曲線は図 **3.55** の aa' に示すように直線となるはずである．そして，その直線が x 軸となす角を θ とすると

$$\tan\theta=q/kT_e \tag{3.203.1}$$

であるから θ の値から T_e を知ることができる．T_e がわかればその値と I_{ps} を式 (3.202) に代入すれば n_0 がわかる．これで目的が達せられた．実際に測定を行なうときは V_p と I_p の関係が測定されるので，x 軸に V_p を，y 軸に $\log I_p$ をとる．この曲線は当然図 **3.55** を V_F だけ x軸に平行に移動し

た形となるので，その上に a 点に相当する折り曲がりの点をみつけると，その点で $V_p'=0$ となっているから，その点の V_p が V_F を与えるわけである．V_F がわかれば V_p' もわかるから，それからは容易に事をすすめることができる．

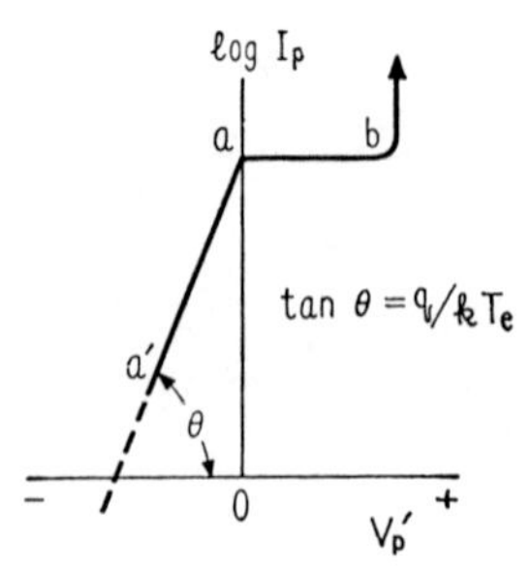

図 3.55. 前図の $a'ab$ の範囲を片対数目盛で示したもの．

一応，以上のような予想をたてることができるが，さて実際に実験してみるとどのようになるであろうか．**図 3.56** はラングミュア (I. Langmuir) が探針法の詳細を発表した有名な論文* に用いているデータである．放電管は直径 3.2 cm の水銀蒸気放電管で，水銀蒸気の圧力は 0.03 mmHg, I=6 A，探針は面積 3.6 cm² の平面探針で管壁に近く取り付けられている．実験の配線図は，**図 3.47** と同じである．電流の負の側，つまりイオン電流の側は電流が非常に小さいので目盛りを 100 倍にして示した．これと **図 3.54** とを比較してみると両図面に a, b, c 等で示したような対応を見出すことは容易である．ただし，注意すべきことは a では予想したようなはっきりした折目が現われず，なめらかに曲がっていることである．しかし I_{ps}=980 mA という値は明瞭に現われている．

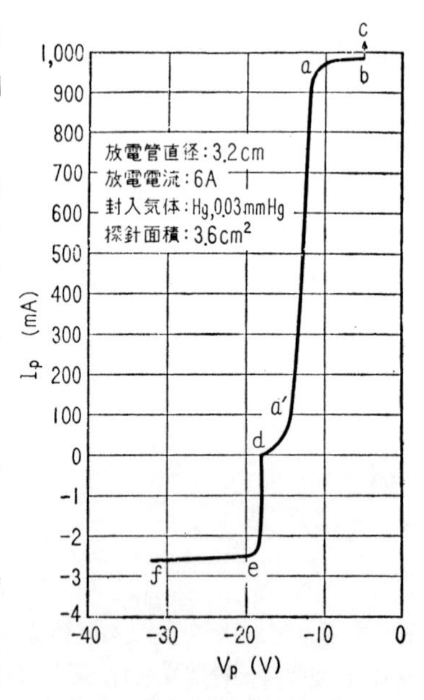

図 3.56. 探針法の実験データの例．

次に電流の正の側のデータを片対数グラフで現わしてみると，**図 3.57** のようになり，**図 3.55** で予想したようなきれいな直線が得られる．しかし a なる折り曲がりの点はやはり不明瞭なので，a を求める便宜的方法としてその両側の直線

* Langmuir & Tonks : *G. E. R.* **27** (1924) 449, 533, 616, 762, 810.

を点線で示すように延長して，その交点を a とする方法がよくとられる．こうして $V_F=-12.5$ V を求めることができる．次に直線部分の傾斜から T_e を求めてみよう．このさい注意すべきことは**図 3.57** の y 軸は常用対数で表わされているが，式 (3.203.1) は y 軸を自然対数で目盛った場合の式であることである．そこで数値の換算を行なう必要があるが，それよりむしろ I_p を $1/e$ ならしめるには V_p をどれだけ変えたらよいかという値，$\varDelta V_p$ を求め，$kT_e/q=\varDelta V_p$ より T_e を求めるのがよい．**図 3.57** についてこれを行なってみると $\varDelta V_p=1.1$ V，したがって $T_e\simeq13,000$°K となる．次に式 (3.202) にこの T_e の値，および $I_{ps}=980$ mA，$A'=3.6$ cm^2 を代入すると $n_0=9.5\times10^{10}$ cm^{-3} を得ることができる．

以上で測定の目的は達せられたが，ここで気になることは，a なる折れ目の点が予想したように明瞭に現われないことである．これについて 1 つ気のつく点は，a の近くでは $I_p\simeq1$ A となっており，はじめに注意した条件，$I_p\ll I$ が成立していないことである．これは確かにそうであって，ラングミュアのこの実験では探針があまり大きすぎる．A' をずっと小さくすれば $I_p\ll I$ ならしめることができるであろう．しかし実はそうしても明瞭な折れ目は現われないのである．では，なぜ丸みができるのであろうか．これについてはいろいろな説明を与えることができるが，細かい話になるので省略する．正直なところは十分満足すべき説明はまだついていないのである．とにかく，このように a 点がはっきり定まらないので V_F の値はあまり正確には求めることができない．はじめには V_F が一番容易に求められそうに思ったのであるが，実は V_F の測定が一番むずかしいのである．封入ガス圧が高くなると a 点の決定のみならず，I_{ps}

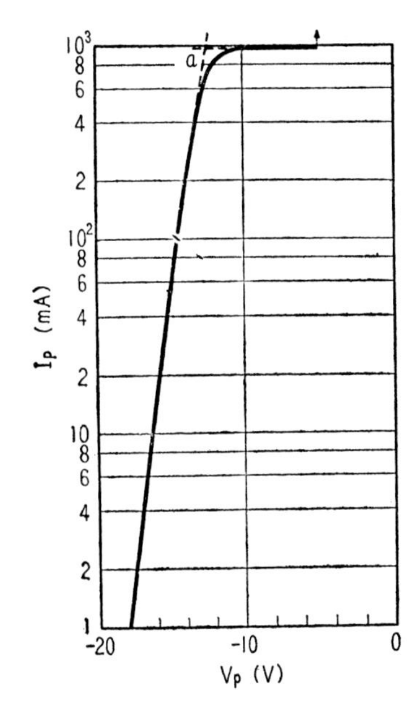

図 3.57．図 3.56 の片対数表示．

の決定もむずかしくなる．**図 3.58** はアルゴンを $p_0=7.5\,\mathrm{mmHg}$ 封入した場合の測定例である．ただし，円筒探針（表面積$=2\times10^{-2}\ \mathrm{cm^2}$）を用いているが円筒探針でも平面探針と本質的な差はない．このような場合でも図示のようにして a および I_{ps} を決定すれば大過ない値が得られる．†

次に**図 3.54** の ef の部分について説明しよう．この場合は**図 3.52** に示すような電位分布となっているので，探針の面に垂直な方向を x の方向とすると $d^2V/dx^2<0$ である．したがって式 (3.57) から S はもはやプラズマではなく正空間電荷が存在することがわかる．これは前にも説明したように V_p' が負であるために電子が大部分はね返され，ほとんど正イオンばかりとなるためで，このような正空間電荷層を**イオンさや** (ion sheath) といっている．同様にして**図 3.53** の S の内部には電子が断然多いことがわかる．この場合は S は**電子さや** (electron sheath) と呼ばれる．イオンさや の内部では電子がほとんどないために電離や励起がほとんど行なわれないから，一様に光るプラズマ内においてこの部分だけが光らない．したがって目で見ても容易に イオンさや の存在を認めることができるのであって，その見たときの感じが探針をすっぽりつつむように見えるために，さや という名が つけられたものである．

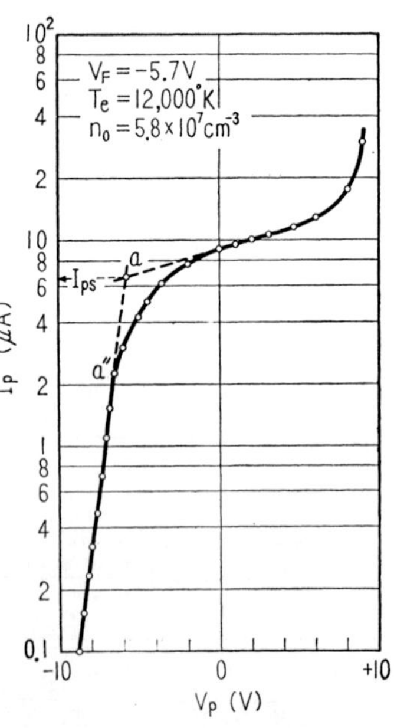

図 3.58．p_0 が比較的高い場合の探針法の測定例．$p_0=7.5\mathrm{mmHg}$，アルゴン $I=8\,\mathrm{mA}$（グロー放電），探針は円筒形で直径 0.4 mm，長さ 1.5 mm．

* さて イオンさや が存在するならば，その部分とプラズマとの境界はどのようになっているであろうか．我々の止まることのない研究欲はこういうことを考えさせずにはおかない．そこでプラズマから イオンさや にどのようにして移り変わってゆくかということをよく考えてみよう．電子群がプラズマから探針に近づく場合，逆電界の存在のためにエネルギーの小さい電子が次第に淘汰されて n_e がだんだん減ってゆくことが イオンさや 発

† a でなく a'' から V_F および I_{ps} を求めるべきであるとする学説もある．

生の原因であることはすでに述べた．しかしイオン群の方もプラズマから探針に近づく場合，加速電界のために次第にスピードアップして まばら になってゆくために n_i がだんだん低下するのである．このように原因は全く違うが，n_e も n_i も探針に近づくにつれて，だんだん減ってゆくのであって，両方のうち，n_e の減少の方が速やかに進むとき，イオンさやの発生が可能となるのである．

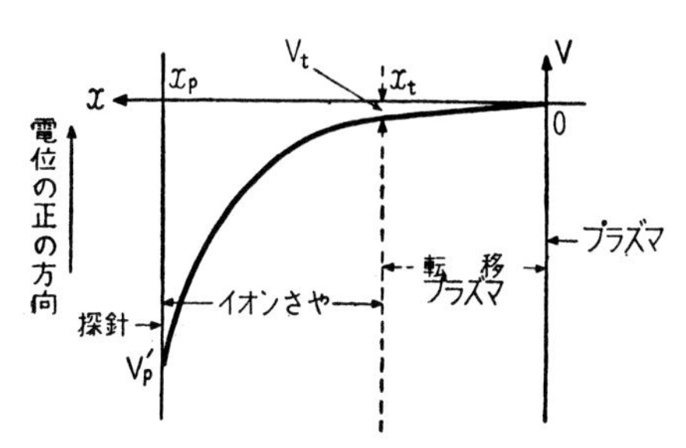

図 3.59．プラズマからイオンさやへの転移の説明．

この間の事情を式で示すと次のようになる．**図3.59** は **図 3.52** の電位分布図を拡大して書いたものである．$x=0$ より右は完全なプラズマであり，x が0と x_t との間は前記のような理由で n_e と n_i の均衡が少し破れ始めたがまだプラズマとみられる部分である．これを 転移プラズマ と名付けよう．x_t より左は n_i が優勢となって イオンさや が形成されている部分である．

x が0から x_p に近づく場合に n_e がどのように減少するかは，式 (2.61) によって表わすことができる．すなわち $x=0$ における n_e を n_0 とすると

$$n_e = n_0 \, e^{\frac{qV}{kT_e}} \tag{3.204}$$

ただし，V は負の値をもつ．次に n_i が加速電界の存在のために減少してゆく有様を表わす式を考えてみよう．それにはイオン群の x 方向の速度を式で表わす必要がある．さて，速度の問題を考えるとなると3.6節で行なったように分子密度がどの程度であるかを定めなければならない．そこで簡単な場合について考えることとして，λ_i が x_p より相当長く，$0 \to x_p$ の間では衝突がほとんどおこらない場合について考える．そうすると真空空間における速度の式，すなわち式 (3.86) の形が用いられる．したがってイオンが $x=0$ から転移プラズマに突入し，その熱運動速度が無視できる程度に大きい加速度を受けた後を考えると，イオン群の速度はすべて x の方向にそろい $(2q|V|/m_i)^{1/2}$ なる

値を持つ．そこで $x=x_t$ において $V=V_t$，$n_i=n_t$ とすると，イオン電流が連続であるということから

$$i_i=qn_t\left(\frac{2q|V_t|}{m_i}\right)^{1/2}=qn_i\left(\frac{2q|V|}{m_i}\right)^{1/2} \tag{3.205}$$

すなわち

$$n_i=n_t(V_t/V)^{1/2} \tag{3.206}$$

となり，n_i が $V^{1/2}$ に逆比例することがわかる．

$0<x<x_t$ の間はプラズマであるので $x=x_t$ では n_e も n_t である．したがって式 (3.204) を $x=x_t$ を基準とした式に書きなおすと

$$n_e=n_t\,e^{\frac{q(V-V_t)}{kT_e}} \tag{3.207}$$

したがって x_t より左で正の空間電荷が発生するためには，$x\geq x_t$ において

$$n_i-n_e=n_t\left\{(V_t/V)^{1/2}-e^{\frac{q(V-V_t)}{kT_e}}\right\}\geq 0 \tag{3.208}$$

でなければならない．そこで x_t より少し左でこの式が成立するための条件をしらべてみよう．

$V-V_t=\delta V$ とし δV の小さい範囲で右辺の各項を展開し，$(\delta V)^2$ 以下の項を省略すると

$$\left(\frac{V_t}{V}\right)^{1/2}=\left(\frac{V_t}{V_t+\delta V}\right)^{1/2}=\left(\frac{1}{1+\delta V/V_t}\right)^{1/2}=(1+\delta V/V_t)^{-1/2}=1-\frac{1}{2}\cdot\frac{\delta V}{V_t}$$

$$e^{\frac{q(V-V_t)}{kT_e}}=e^{\frac{q\delta V}{kT_e}}=1+\frac{q\delta V}{kT_e}$$

であるから，これらを式 (3.208) に代入すると

$$-\delta V\{1/(2V_t)+q/kT_e\}\geq 0$$

$\delta V<0$ であるから，両辺を $(-\delta V)$ で割ると

$$1/(2V_t)+q/kT_e\geq 0$$

V_t は負であるのでその絶対値をとり，$|V_t|=-V_t$ を求めてみると

$$|V_t|\geq\frac{1}{2}\cdot\frac{kT_e}{q}$$

すなわちイオンが電子を負かして正空間電荷を形成するためには，$|V_t|$ は kT_e

$/q$ の $\frac{1}{2}$ より大きくならなければならない．そして，x_t より右ではプラズマであるので，$x=x_t$ においては等号をとらなければならない．したがって

$$|V_t|=kT_e/2q \tag{3.209}$$

となる．

このような電位差のかかった転移プラズマを経てイオンが勝ち残ることが決定すれば，それ以後は電子はすみやかに退散して x_p と x_t の間に イオンさやが形成されるのである．この V_t の値を式 (3.204) に代入すると

$$n_t=n_0\,e^{-\frac{1}{2}}$$

となる．これと式 (3.209) を式 (3.205) に代入して i_i を求めると

$$i_i=q\,n_0\frac{1}{\sqrt{e}}\left(\frac{kT_e}{m_i}\right)^{\frac{1}{2}}$$

すなわち i_i は T_i には関係せず，T_e によって定まる．そして**図 3.54** に I_{ps}' で示す電流は $A'i_i$ で表わされる．I_{ps}' は飽和イオン電流と言われる．これに対し式 (3.202) で表わされる I_{ps} は飽和電子電流と呼ばれる．そして両者の比は

$$\frac{I_{ps}}{I_{ps}'}=\left(\frac{e}{2\pi}\right)^{\frac{1}{2}}\left(\frac{m_i}{m_e}\right)^{\frac{1}{2}}=0.66\left(\frac{m_i}{m_e}\right)^{\frac{1}{2}} \tag{3.211}$$

Hg^+ の場合はこの値はほぼ 400 となる．これは I_{ps}/I_{ps}' の理論値である．これを測定値と比較してみよう．**図 3.56** をみると $I_{ps}=980\,\mathrm{mA}$，$I_{ps}'=2.6\,\mathrm{mA}$ となっている．したがって

$$I_{ps}/I_{ps}'\simeq 380$$

となって理論値にほぼ等しい．これで今まで考えてきた理論が正しいものであるという自信を深めることができるのである．**図 3.56** によると，e から f にゆくに従って $|I_p|$ はわずかながら増加している．これは $|V_p'|$ が大きくなると イオンさや の厚みが増加して，その側面から集められるイオンの量が増加するため，言いかえると式 (3.199) の δ が大きくなるためである．

このようにして V_t が求まると，イオンさや の厚さ (x_p-x_t) やその間における電位分布などを求めることはむずかしいことではない．それは二極真空管の空間電荷電導域の解を求めることと同じ問題に帰することができるからで

ある．これは読者の練習問題として残しておこう．これに反し転移プラズマの厚み x_t を求めることはむずかしい問題なのである．

円筒探針と球探針については全然説明しなかった．しかし，これらが平面探針と異なるのは式 (3.199) の δ なる補正項の内容だけなのであって，そのほかの考え方はだいたい同じである．したがって今までの説明のように，δ が省略できる範囲だけで問題を処理するならば円筒探針も球探針も平面探針と何ら変わらないのである．

3. 13. プラズマ振動

今まではプラズマの電位や電子密度は時間に関係しない一定量と考えてきた．しかしプラズマを構成する電子やイオンはお互に電気的な力を及ぼし合っており，しかも自由に動きまわれる状態にあるので振動をおこす可能性が存在する．このことは次のように考えれば理解できるであろう．

図 3.60 の (*a*) は図 3.17 と同じものであるが，このようにプラズマが電気的中性からはずれて正負の空間電荷が発生すると必ず中性を回復しようとする電界が生じ，矢印で示すようなイオンおよび電子の流れが生ずる．ところでイオンも電子も質量を持っているので，この「中性を回復しようとする流れ」は中性を回復し得たときにちょうど止まることはできず，必ず行き過ぎを生じ，(*b*) に示すような (*a*) とは反対な空間電荷の分布が発生する．したがって電子やイオンの逆向きの流れが生じ，このようなことが繰り返され，振動状態となる．そしてプラズマには絶えず外部からエネルギーが注入されているので，このような振動状態は永続する可能性があるのである．この種の振動は**プラズマ振動** (plasma oscillation) と言われる．前節までは単に平均値を取り扱ってきたのである．

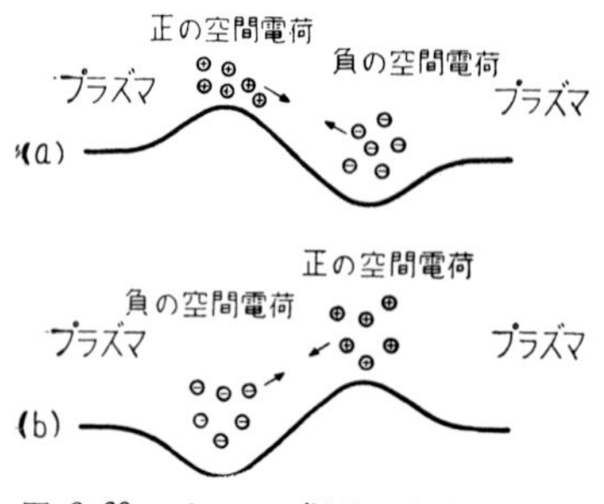

図 3.60. プラズマ振動の発生の説明図．

次にプラズマ振動の周波数を求めてみよう．プラズマ振動の一般的理論はかなりむずかしい問題であるので，次に示すようなきわめて単純化された状態について説明する．

(1) 振動の方向を x の方向とし，y 方向，z 方向には全然変化はないとする．つまり1次元の問題とする．

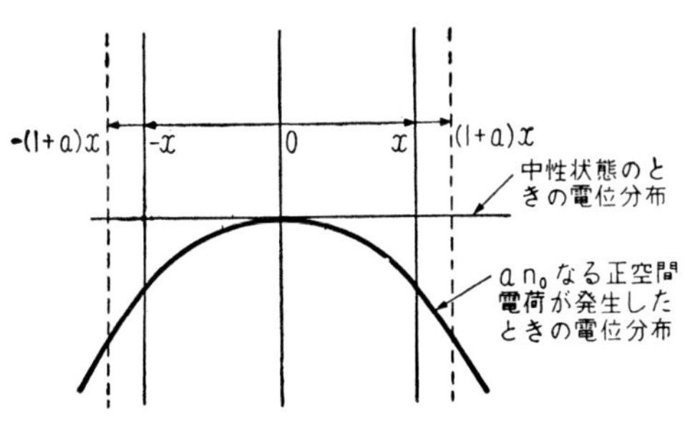

図 3.61．プラズマ電子振動の説明．

(2) 電子の振動に着目し，イオンは静止していると考える．（たびたび言うようにイオンの速度は電子の速度よりずっとおそいので，このような近似が許される．）

(3) 電子は $x=0$ を中心とし x に比例した変位を行なう

(3) はどのようなことであるかを説明しよう．まず，はじめにはプラズマは一様な n_0 を持ち，中性を保っているとする．x なる位置の電子がすべて x に比例する変位 $\xi=ax$ を行なうということは，**図 3.61** に示すように電子ガスが a なる膨張率をもって左右に一様にふくれることである．その結果，0 と x との間にあった電子は0と $(1+a)x$ の間に一様にひろがるから，n_e は n_0 から $n_0/(1+a)$ に減少し，一方 n_i は変化しないから，

$$q\Delta n_i=q(n_i-n_e)=q\left(n_0-\frac{n_0}{1+a}\right)=q\,n_0\frac{a}{1+a}$$

なる一様な正空間電荷が発生する．$a\ll 1$ とすると，

$$q\Delta n_i=q\,a\,n_0 \tag{3.212}$$

となる．このために発生する電界はポアソンの式

$$dE/dx=4\pi q a n_0$$

を解けば得られる．いま $x=0$ において $E=0$ とすると，

$$E=4\pi q a n_0 x=4\pi q n_0 \xi \tag{3.213}$$

電位分布は式 (3.60) と同じように放物線となる．**図 3.61** にはこれが示してある．この電界のために電子に働く力は

$$-qE=-4\pi q^2 n_0 \xi$$

であって，常に原点に向かい，ξ に比例する．電子に働く力はこのほかに中性

分子との衝突によるものがあるが，ここでは事柄を簡単にするために $\lambda_e \gg \xi$ の場合，言いかえれば衝突は省略し得る場合を考える．そうすると電子の運動の方程式は

$$m_e \frac{d^2 \xi}{dt^2} = -4\pi q^2 n_0 \xi \qquad (3.214)$$

これを解けば

$$\xi = \xi_0 \sin \omega_{pe} t$$

の形の解，すなわち単振動の解が得られ

$$\omega_{pe} = \sqrt{\frac{4\pi q^2 n_0}{m_e}} \qquad (3.215)$$

となる．

振動の周波数 f_{pe} は $\omega_{pe}/2\pi$ で与えられ，$n_0^{1/2}$ に比例する．このような振動を**プラズマ電子振動** (plasma electron oscillation) という．q と m_e に数値を代入すると

$$f_{pe}(\mathrm{sec}^{-1}) = 8.97 \times 10^3 \, n_0^{1/2} \qquad (3.216)$$

すなわち $n_0 = 10^{10}\,\mathrm{cm}^{-3}$ のとき $f_{pe} \simeq 10^9\,\mathrm{sec}^{-1} = 10^3\,\mathrm{MHz}$となって早くもマイクロ波領域にはいり，$n_0 = 10^{14}\,\mathrm{cm}^{-3}$ と増すと $f_{pe} \simeq 10^5\,\mathrm{MHz}$といった非常に高い周波数となる．このような振動の存在することは放電管から放射される電磁波の周波数を調べることによって確かめることができる．

最初の説明から予想されるようにイオンの振動も発生し得る．これを**プラズマイオン振動** (plasma ion oscillation) という．その詳細は省略するが，その周波数を $f_{pi} = \omega_{pi}/2\pi$ とすると，ω_{pi} は1価のイオンの場合は，式 (3.215) の m_e を m_i で置き換えた形

$$\omega_{pi} = \sqrt{\frac{4\pi q^2 n_0}{m_i}} \qquad (3.217)$$

となることは直観的にも予想できよう．

このような共振周波数をもつプラズマ中を電波が通過する場合，どのようなことがおこるかを簡単に説明しよう．まず電波の周波数 f が f_{pe} よりずっと高い場合を考える．このような場合は電子は電波の電磁界の変化に追随するこ

とができず，もちろんイオンも同様であるからプラズマは電波によって影響されない．逆に言えば電波はプラズマの影響を受けない．つまり電波は真空中を伝わる場合と全く同様に伝搬する．次に f が f_{pe} に等しい場合はプラズマ中の電子は電波と共振し，電波のエネルギーを吸収してしまうので，このような周波数の電波はプラズマ中を伝搬することはできない．$f \ll f_{pe}$ の場合はどうであるかというと，このようなおそい電界の変化に対しては電子は追随して動くことができ，その結果プラズマ中には電波の電界を打ち消す向きの電界が発生する．したがって電波は減衰してしまう．このようにプラズマは電波に対して f_{pe} をしゃ断周波数とする高域フィルタのように働くのである．上空の電離層の電子密度は $10^5\,\mathrm{cm}^{-3}$ の程度であるから f_{pe} は数MHzの程度となる．したがって，これよりずっと高い周波数の電波を用いれば月と交信することが可能となる．

3. 14. 磁界の影響

* 前節まではすべて磁界のない場合の現象を説明した．それは本書の性格から考えてあまりに間口を広げることは当を得てないと考えたからである．しかし，磁界の影響について全然ふれないわけにもゆかないので，最後にきわめて簡単にこの問題を取り扱うこととする．

3. 14. 1. 磁界中における電子およびイオンの円運動

真空の空間を考える．そこには電界はなく，一様な磁界がある．磁界の向きは紙面に垂直であるとし，この空間に紙面に平行したがって磁界に垂直な向きの速度を持つ電子が持ち込まれた場合，電子はどのような運動を行なうかを考えてみよう．

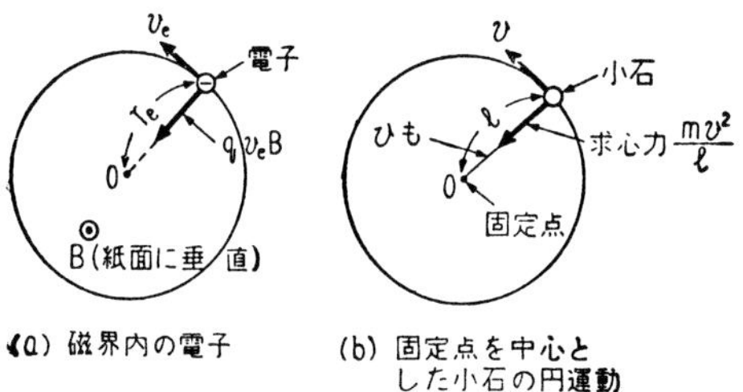

図 3.62. 磁界内の電子の円運動の説明．

磁束密度を B とすると，ご承知のように電子は v_e にも B にも直角な方向に qv_eB なる大きさの力を受ける．**図 3.62** の (a) はこの有様を示す．ところで，このように常に速度に垂直な方向に一定な力を受ける粒子の運動は円運動となる．

これは同図の (*b*) に示すように質量 m なる小石に長さ l の ひも をつけ，ひも の一端を O 点に固定して小石を O のまわりに ふりまわしたとき，小石は明らかに円運動を行なうが，このとき小石の速度を v とすると，ひも は常に小石を v と直角な方向にひっぱっていることを考えれば容易に理解できる．この ひも が小石をひっぱる力は求心力であり，その大きさは mv^2/l である．前述の電子が円運動を行なうときは qv_eB が求心力として働くから，円運動の半径を r_e とすると，

$$\frac{m_e v_e^2}{r_e}=qBv_e$$

したがって

$$r_e=m_e v_e/qB \tag{3.218}$$

$\epsilon_e=(^1/_2)m_e v_e^2$ を用いると

$$r_e=(2\,\epsilon_e m_e)^{1/2}/qB \tag{3.219}$$

この r_e を**電子のラーマー半径** (Larmor radius of electron) という．$\epsilon_e=qV$ とし，V をボルト，B を C.G.S. 電磁単位のガウス (記号を Γ とする) で表わすと

$$r_e(\mathrm{cm})=3.4\times\frac{V^{1/2}}{B} \tag{3.220}$$

すなわち 1 eV (電子ボルト) のエネルギーを持つ電子が $1000\,\Gamma$ の磁界内にあるとき，r_e は 3.4×10^{-3} cm となる．この円運動の角速度を ω_{ce} とすると

$$r_e\,\omega_{ce}=v_e$$

であるから，これを式 (3.218) に代入すると

$$\omega_{ce}=(q/m_e)B \tag{3.221}$$

が得られる．このように ω_{ce} は B に比例し，電子のエネルギーに無関係である．

ω_{ce} を**電子のサイクロトロン周波数** (cyclotron frequency of electron) という．電子の1秒間の回転数を f_{ce} とすると $\omega_{ce}=2\pi f_{ce}$ であるから，上の式に数値を代入して

$$f_{ce}(\mathrm{sec}^{-1})=2.8\times10^6 B(\Gamma) \qquad (3.222)$$

$B=1000\Gamma$ のとき $f_{ce}=2.8\times10^3$ MHzとなる. 普通の常識で考えると f_{ce} をサイクロトロン周波数と言った方がよさそうに思われるが, ω_{ce} をそう呼ぶならわしになっている.

イオンについても全く同様なことが言われる. 前述の電子を ϵ_i なる運動のエネルギーを持つ1価のイオンで置きかえると, **イオンのラーマー半径** (Larmor radius of ion) r_i は式 (3.219) に対応して

$$r_i=(2\epsilon_i m_i)^{1/2}/qB \qquad (3.223)$$

となる. したがって

$$r_i/r_e=(\epsilon_i m_i/\epsilon_e m_e)^{1/2} \qquad (3.224)$$

となる. すなわち $\epsilon_i=\epsilon_e$ のときはイオンの方が電子よりはるかに大きな円を画く. 式 (3.223) において $\epsilon_i=qV$ とし, V をボルト, B をガウスで表わし

$$m_i=A_0 m_H$$

(m_H は陽子の質量) とすると

$$r_i(\mathrm{cm})=1.46\times10^2\sqrt{A_0 V}/B \qquad (3.225)$$

0.03 eV の運動のエネルギーを持つ Ne^+ が 1000Γ の磁界内にあるとき, r_i は約 1.1 mm となる. 円運動の角速度 ω_{ci} は式 (3.221) に対応して

$$\omega_{ci}=(q/m_i)B \qquad (3.226)$$

となる. すなわち ω_{ci} は m_i に逆比例する. ω_{ci} を**イオンのサイクロトロン周波数** (cyclotron frequency of ion) と言う. イオンの1秒間の回転数 f_{ci} は $\omega_{ci}=2\pi f_{ci}$ であるから

$$f_{ci}(\mathrm{sec}^{-1})=1.52\times10^3 B(\Gamma)/A_0 \qquad (3.227)$$

$B=10^3\Gamma$ で Ne^+ のときは $f_{ci}=76$ kHz となる.

以上は速度が磁界に垂直な場合であるが, そうでない一般の場合は速度を磁界に垂直な成分 $v_\perp$ と, 平行成分 $v_\parallel$ とに分けて考えればよい. そうすると $v_\perp$ については今まで説明したのと全く同じ現象が現われ, 一方 $v_\parallel$ は磁界の影響を受けないから, 電子やイオンは図 **3.63** に示すように ら旋状 の軌道を画い

図 3.63. 電子の速度が磁界に垂直でない場合の電子のら旋状の軌道.

て運動する．したがって電界がなく磁界が十分強いときは，電子やイオンはほとんど磁力線にそって動き，磁力線を横切る方向には移動することができない。

3. 14. 2. プラズマに対する外部磁界の影響

プラズマ内の電子やイオンは他の粒子とはげしく衝突するので完全な円運動はなかなか行なえない．まず電子について考えよう．磁界が弱くて r_e が大きく，$r_e \gg \lambda_e$ とみられるようなゆるい円運動を行なうときは λ_e の間の電子の運動は図 **3.64** (*a*) に示す $B=0$ の場合とほとんど変わらないから，このような場合は磁界の影響は現われない．磁界をだんだん強くして r_e と λ_e が同程度となってくると，同図の (*b*) に示すように電子は円弧を画いて運動するようになり，明らかに磁界の影響が現われてくる．磁界をもっとずっと強くして $r_e \ll \lambda_e$ とすると電子はコマのように円運動をするようになるから，プラズマの性質は非常に変わってくる．すなわち λ_e/r_e は磁界がプラズマに影響を及ぼす程度を表わす係数とみることができるのであって，磁界の影響は

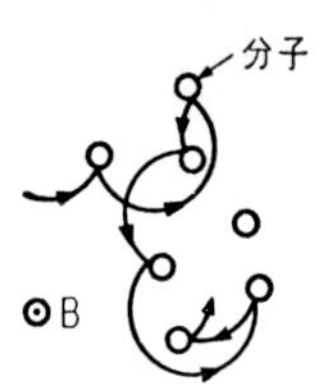

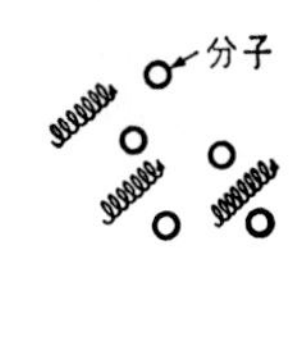

図 3.64. プラズマ中の電子の運動（$E=0$とする）.

$\lambda_e/r_e \ll 1$　　のとき無視でき，

$\lambda_e/r_e \simeq 1$　　になると現われ始め

$\lambda_e/r_e \gg 1$　　のとき顕著となる。

λ_e/r_e は式 (3.218)，(3.221) を用いると

$$\frac{\lambda_e}{r_e}=\frac{\lambda_e}{v_e}\cdot\frac{qB}{m_e}=\frac{\omega_{ce}}{t_c^{-1}} \tag{3.228}$$

となる．t_c^{-1} は式 (3.92) のところで示したように衝突周波数であるから，λ_e/r_e はサイクロトロン周波数と衝突周波数との比となる．1 mmHg の Ne ガス中で λ_e は式 (3.74) によると 0.16 cm である．そして電子のエネルギーが 1 eV である場合，r_e をこれと同じくらいにするには式 (3.220) からわかるように約 20 Γ で十分である。

イオンの運動に対する磁界の影響についても全く同様なことが言える．ただ一般に $r_i \gg r_e$ であり，かつ，$\lambda_i < \lambda_e$ であるから $\lambda_i/r_i \simeq 1$ ならしめるためには電子の場合よりもずっと強い磁界が必要である．たとえば 1 mmHg の Ne ガス中に 0.03 eV の運動のエネルギーを持つ Ne^+ がある場合，$\lambda_i/r_i=1$ ならしめるには約 $10^4\,\Gamma$ の磁界が必要である．

次に 3.9 節の（例題 3）の円筒形放電管の管軸方向（z 方向）に磁界をかけた場合，どのような現象がおこるかを説明しよう．磁界の強さは $\lambda_e/r_e>1$ ならしめる程度であるとする．そうすると **3.14.1** 節の終りにも述べたように電子の熱運動の z 方向の成分は影響を受けないが，z に直角な方向の成分は**図 3.64**(*b*) のように円軌道を画き，その結果，管壁方向への電子の流れは減少する．それに伴って管壁方向のイオンの流れも減少する．たとえ磁界がイオンの運動には影響を与えない程度の強さであっても，式 (3.152) によってそうなる．このように軸方向の磁界は管壁方向への拡散を減少させる働きを行なう．したがって管壁における再結合は減少し，それに伴って g' も減少する．しかしながら，この現象の理論的計算と実験との間にはまだよい一致が得られていないのであって，今後もっとよく研究しなければならない．

さて，前述のように電子やイオンは磁力線と直角な方向には移動しにくい．そこで磁力線と直角な方向に電界をかけ，強引にその方向にひっぱってみたらどのようなことになるかを考えてみよう．**図 3.65** に示すように向きの一様な磁界 B と電界 E がある場合，電子がどんな方向に移動するかを考えてみよう．B は磁界の影響がわずかに現われる程度であるとする．電子は電界から $-qE$ の力を受けるが，磁界の存在のために駆動速度 u_e の方向はそれから θ だけずれて，OP となるとする．磁界による力は OP に直角で $OQ=qu_eB$ である．そうすると次のことが言える．u_e は磁界による力ならびに電界による力の OP 方向成分によるものであるが，前者が OP に直角なので後者だけで定まる．いま B があまり大きくないために移動度 μ_e が

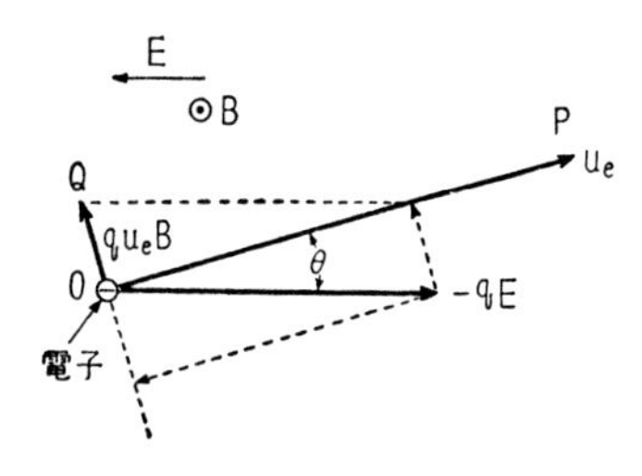

図 3.65．ホール効果の説明．

$B=0$ の場合とほとんど変わらないとすると

$$\mu_e E \cos\theta = u_e \tag{3.229}$$

次に u_e の OQ 方向の成分が 0 であることは，その方向では電界による力と磁界による力とがつり合っていることを意味するから

$$qE\sin\theta = q u_e B \tag{3.230}$$

この 2 式の両辺を割算すれば

$$\tan\theta = \mu_e B \tag{3.231}$$

式 (3.221) および式 (3.102) を用いると

$$\tan\theta \doteqdot t_c\,\omega_{ce} \tag{3.232}$$

となる．すなわち θ は平均自由時間の間の電子の回転角に等しくなる．このように E と B に直角な方向に電流成分が現われる現象を**ホール効果** (Hall effect) という．B が大きくなると θ は $\pi/2$ に近付き，B が十分大きいときは電子の移動の方向は全く E に直角となる．このことは次のように考えても了解される．

$E=0$ の場合は電子は**図 3.66** *(a)* のような円運動を行なうが，E があるときは回転の途中に電子のエネルギーが変わるから円にはならない．1 を通過するときは電界による力にさからうのでエネルギーが減少するから，2 を通過するときの曲率半径は小さい．反対に 3 で加速を受けてエネルギーが増大した後 4 を通過するときは大きい曲率半径となる．したがって *(b)* に示すような軌道でぐるぐる回りながら，E と B に直角な方向に移動する．このような現象を電界と磁界による**ドリフト** (drift) という．ドリフトの方向が E と直角

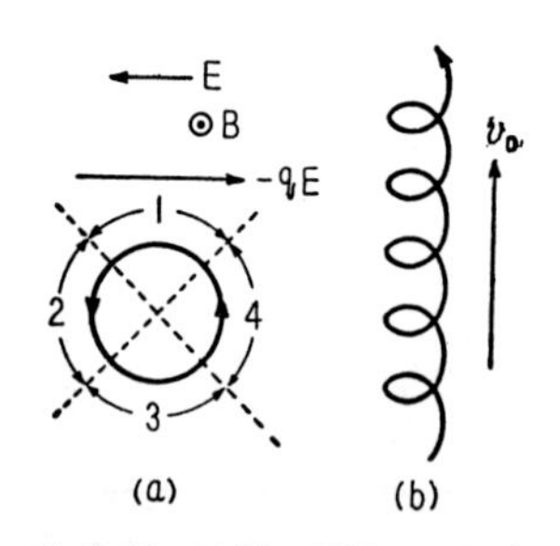

図 3.66. 電界と磁界による電子のドリフト．

なことは，電子がドリフトによって磁力線を切るために発生する起電力がちょうど E を打ち消していることを示す．

したがってドリフトの速度 (旋回の中心の速度) を v_D とすると

$$E = v_D B$$

したがって

$$v_D = E/B \tag{3.233}$$

E を V/cm, B を Γ で表わすと

$$v_D(\mathrm{cm/s})=10^8\,E/B \tag{3.234}$$

となる.

イオンは電子と反対の方向に回転するが，電界による力の方向も逆なので，ドリフトの方向は電子と同じ方向になる．また，その速さも電子の場合と全く同様にして求められ，電子の v_D と全く同じ値になる．すなわち電界と磁界によるドリフトによって電子もイオンも同じ方向に同じ速度で移動する．言いかえれば，プラズマの流れが生ずる.

第 4 章

気 体 の 絶 縁 破 壊

気体は元来絶縁物であるが，一たび高度に電離されると立派な導体になることは皆さんご承知のとおりである．このように絶縁物 (insulator) が導体 (conductor) に変化する現象を**絶縁破壊**または略して**破壊** (breakdown) という．絶縁破壊は気体に限らず，液体にも固体にもある．しかし何といっても気体の絶縁破壊が一番われわれになじみが深い．たとえばネオンサインの点燈の現象も，稲光りの現象も皆これにはいる．

気体の絶縁破壊の説明を始めるにあたり，著者はイギリスの生んだこの方面の開拓者タウンゼント (John Sealy Edward Townsend, 1868—1957) の偉業をしのばずにはおられない．彼は 1900 年オックスフォード大学の教授となり，1941年同大学を退くまで，気体放電研究一本に打ち込み，その基礎を確立した気体放電研究の父ともいうべき人である．絶縁破壊の研究は彼の初期の研究に属するが，彼の多くの業績の中でも代表的なものであり，その考え方は今日でも気体の絶縁破壊の研究の基礎をなしているのみならず，固体や液体の絶縁破壊の研究にも適用されている．したがってタウンゼントの気体の絶縁破壊の理論は物理電子工学の重要なる基礎知識の1つであるといわなければならない．ではこれからその説明を行なう．

4. 1. 電子の衝突電離による放電電流の増加

「マッチ1本，火事の元」と言われ，また1発の銃声が世界大戦をおこすことがあるように，大事件も元をただせば小さい原因が連鎖反応的にふくれ上がったものである．気体の絶縁破壊もその例にもれない．太陽の紫外線やいろいろな放射能のために気体分子のごく一部が電離して発生した電子やイオン（その数は大気中で 10^2—10^3 の程度）がこの小さい原因となり，これが電界によって加速されてエネルギーを増し，分子に衝突していわゆる**衝突電離** (ionization by collision) をおこし，そのさい発生した電子もまた，電界によって加速されて衝突電離をおこし，このような連鎖反応を重ねて次第に電離度を増加し，ついには絶縁破壊の状態となるのである．こう考えると絶縁破壊の研究はまず，自然の原因によって存在する電子やイオン〔これを**初期電子** (initial electron) および**初期イオン** (initial ion) という〕が，衝突電離によってだんだん増加してゆく状態の研究から始めるべきであると思われる．タウンゼントはそれを次のように行なった．

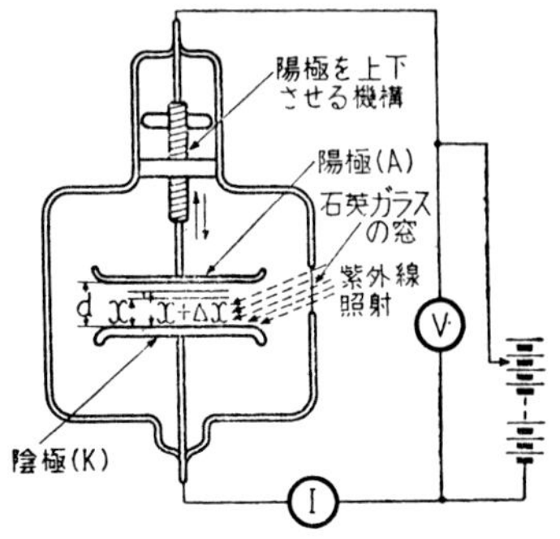

図 4.1. 衝突電離による放電電流増加の実験.

彼の研究はもっぱら実験的に進められた．**図 4.1** は彼の実験装置の略図である．陽極 (A) および陰極 (K) は円形平板であり，その間隔 d は変化できるようになっている．ただし，d は一番大きい場合でもあまり大きくなく，A-K 間の電界は平等電界とみなせる．器壁の側面には石英ガラスの窓をつけ，それを通して紫外線で陰極面を照射し，光電子放出を行なわさせる．この電子が初期電子の役割を行なう．自然に存在する初期電子を利用しないのは，それがあまりに少なくて測定に不便なこと，および初期電子の数をいろいろ変えて実験してみたいことなどの理由による．この光電子電流を**初期電流** (initial current) と名付け，その電流密度を i_0 で表わすこととしよう．i_0 は大きい方が測定は楽であるが，あまり大きくすると空間電荷による電界のひずみがおこって平等電界ではなくなるから，なるべく小さくおさえたいという要求もある．したがってそう大きくもできず，10^{-14} A/cm^2 の程度で実験する．

さて A と K を図示のように電圧可変の直流電源に接続し，端子電圧 V をだんだん上げてゆくと前述のように衝突電離が連鎖反応的におこるために，放電電流 I は**図 4.2** に示すようにどんどん増加し，ついに絶縁破壊をおこす．まず順序として，絶縁破壊より相当手前の現象，図でいえば aa' あたりより左の現象を取り扱うこととし，この範囲で I と V との関係を解明するのを当面の問題としよう．タウンゼントはこの問題を次のような経路をたどって解いたものと思われる．電極材料を定め，封入気体の種類を定めると，I は当然考えられるように V, d, i_0 および p_0 の関数である．また電子に直接作用するのは V よりも 電界 $E(\equiv V/d)$ であるので V の代わりに E を変数に選ぶことが妥当のように思える．したがって

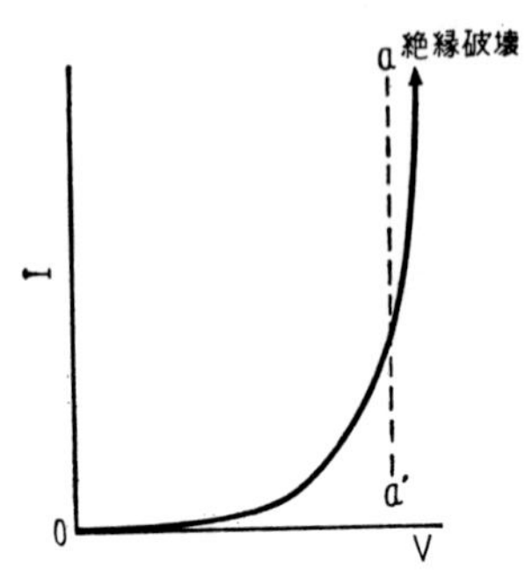

図 4.2．衝突電離による電流の増加（初期電流は小さいので図示できない）．

$$I=F(E,\ d,\ i_0,\ p_0) \tag{4.1}$$

このように F は4つの変数の関数であるので，これを実験によって明らかにするにはその1つ1つを順次片付けてゆかなければならない．それでは何を最初に選ぶかであるが，それはいろいろ実験の苦心を重ねて決定しなければならない問題である．彼はまず E, i_0 および p_0 を一定とし，d と I の関係を測定することからはいることとした．それはそのような実験では log I と d との関係がきれいな1本の直線で表わせることを発見したからである．この事実を見出したときの彼の喜びはおそらく非常なものであったであろう．E をいろいろな値に定めて同様な実験を行なうと，やはり直線が得られるが，その傾きは E を大きくすると共にだんだん立ってくる．**図4.3** はそのような実験結果の例である．〔ただし，これはタウンゼントのデータではなく，サンダース (Sanders) が1932年に発表した同様な実験の結果である．〕E をパラメータとはせず，E/p_0 をパラメータとしている理由は後で説明する．

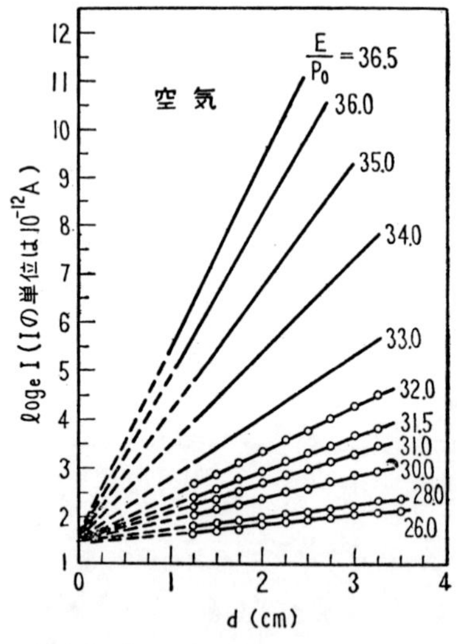

図 4.3　I と d の関係の片対数表示．

実際に測定が行なわれたのは同図に実線で示される部分であるが，それらを

点線のように延長すると図示のように全部 y 軸上の1点に集まる．この点は $d\to 0$ の場合の I を表わす．$d\to 0$ の場合は光電子は陰極面を離れるやいなや，衝突電離のいとまもなく，直ちに A に達するから，電極の面積を S とすると

$$I(d\to 0)=Si_0 \tag{4.2}$$

でなければならない．したがって直線の傾斜を α とし，$Si_0\equiv I_0$ とすると

$$\log I=\log I_0+\alpha d$$

すなわち

$$I=I_0e^{\alpha d} \tag{4.3}$$

となる．

これで式 (4.1) の4つの変数のうち，i_0 と d がどのような形で F にはいっているかがわかった．残った変数 E と p_0 は実験定数 α の中にふくまれているのである．すなわち

$$\alpha=f_1(E,p_0) \tag{4.4}$$

そこで次の問題はこの f_1 を明らかにすることであるが，その前に α について少し説明を加える必要がある．いま陰極面を出た1個の電子が**図 4.4** に示すように δ だけ A の方向に進むごとに規則正しく衝突電離をおこし，2倍，2倍と増えてゆくとしよう．念のためにことわっておくが，もちろん δ の距離を衝突なしに真直ぐに進むのではなく，**図 3.23** に示すようなはげしい衝突をやりながら電界方向に δ だけ進むのである．このようにして増加してゆくと $n\delta$ だけ進んだときには電子は 2^n 個に増加しているから，I_0/q 個の初期電子は d を進む間に $(I_0/q)2^{d/\delta}$ 個に増加する．したがって

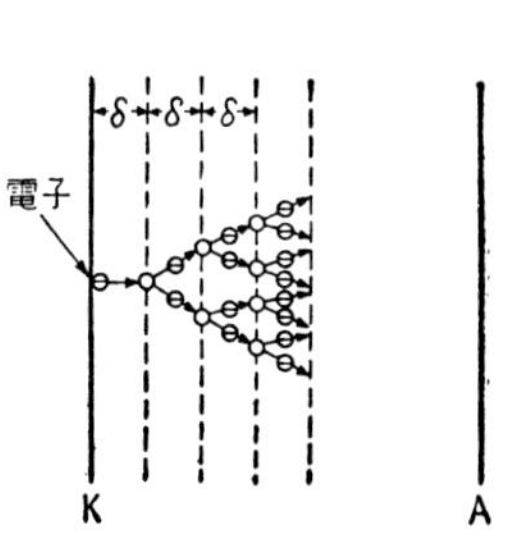

図 4.4．衝突電離による電子の増加の説明．

$$I=I_0 2^{d/\delta} \tag{4.5}$$

図 4.4 のような考え方が正確でないことを考えて2と $e=2.718$ との差に目をつぶるならば，式 (4.3) と式 (4.5) を比較して

$$\alpha=1/\delta$$

を得る．したがって δ の定義から考えて，α は電子が電界方向に単位長だけ進む間に行なう電離の数であるということができる．これはタウンゼントが実験定数 α に与えた解釈である．α のことを**タウンゼントの第 1 係数** (first Townsend coefficient) という．

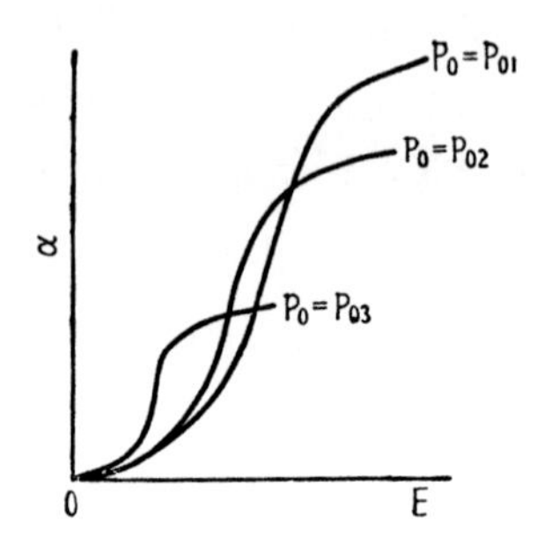

図 4.5．p_0 をパラメータとした α と E の関係．

さて式 (4.4) にもどり，p_0 を一定値 p_{01} として E をいろいろに変えた場合，α がどのように変わるかを実験によって求めてみると**図 4.5** のような曲線が得られる．p_0 を p_{02}，p_{03} というようにいろいろな値に定めて同様な実験を行なうと，同じような形の曲線が何本も得られる．タウンゼントはこの曲線群をいろいろと検討してみて次のような興味ある事実を発見した．それは**図 4.6** に示すように，x 軸には E の代わりに E/p_0 を，y 軸には α の代わりに α/p_0 をとると曲線群が見事に 1 本の曲線にまとまるということ，すなわち

$$\alpha/p_0=f(E/p_0) \tag{4.6}$$

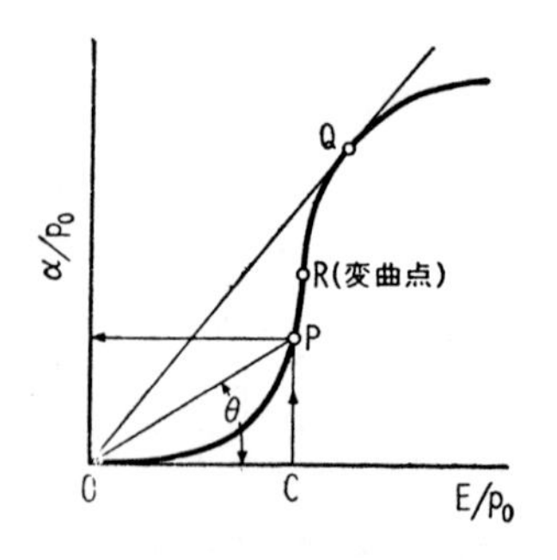

図 4.6．$\alpha/p_0=f(E/p_0)$ のだいたいの形．

となるということである．この事実が何を意味するかは次節に説明することとしよう．とにかくこれで研究は一段と進み，残った問題は 1 つの変数 E/p_0 の関数 f を解明することだけとなった．

ところで最後に残ったこの問題はそう簡単に片付くものではなかった．それはまた考えてみれば当然のようにも思える．何となれば，もしこれも簡単に終わるならば式 (4.1) の F は全部簡単に解明されてしまったことになるが，現象の複雑さから考えて問題がそう簡単に解けてしまうとは考えられないからである．言いかえれば F を解くことの困難さは f を解くことの困難さにあるとも言えるのである．タウンゼントは f を解くにも彼一流の方法をとっている．まず彼は f の実験式を求めた．f は**図 4.6** に示されるようにはじめ急速

に増加し，のち次第に増加の傾向がにぶってくる．このような傾向を表わす式として彼が用いたものは

$$\alpha/p_0 = Ae^{-\frac{B}{E/p_0}} \tag{4.7}$$

という式であった．ここで A, B は実験定数で，これを適当に定めると，この式は実験データとかなりよい一致を示すのである．実例についてそれを示そう．

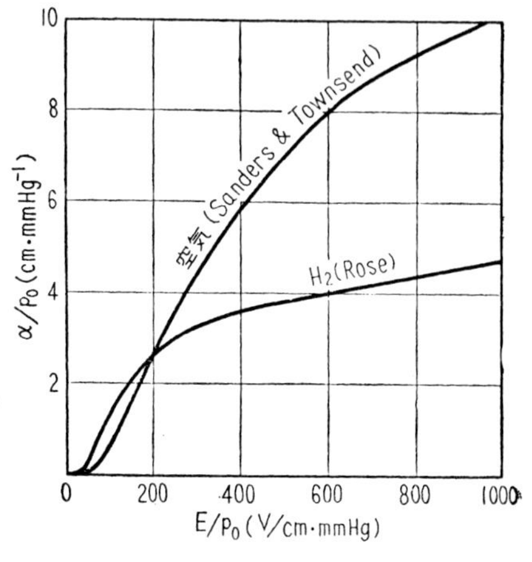

図 4.7. 空気および H_2 の $\alpha/p_0 = f(E/p_0)$. ( ) 内は測定者.

図 4.7 は式 (4.6) の空気および H_2 についての実測結果である．これらは確かに図 4.6 に示されるような傾向を示している．この曲線が式 (4.7) で表わされるかどうかを調べるには次のようにすればよい．式 (4.7) の両辺の対数をとると

$$\log(\alpha/p_0) = \log A - B(p_0/E)$$

したがって，もし式 (4.7) で表わせるのなら x 軸に (p_0/E) を，y 軸に $\log(\alpha/p_0)$ をとると直線が得られるはずである．実際に図 4.7 のデータについてそれをやってみると図 4.8 のようになる．このように正確な直線とは言われないが，まずだいたいにおいて直線となる．とくに H_2 の場合は直線に近い．この事実からみて式 (4.7) は実験式として相当よいものであることがわかる．タウンゼントは更に研究を進め，この式を理論的に導くことを試みているが，彼の理論は今日からみるとはなはだ不

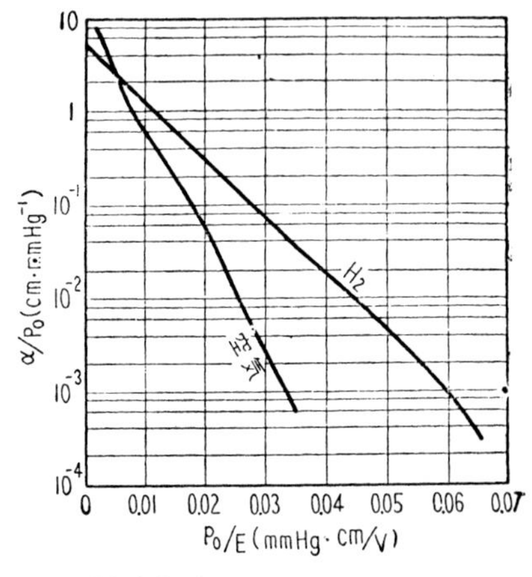

図 4.8. $\log(\alpha/p_0)$ と p_0/E の関係.

完全なものであるので，その紹介は行なわないこととし，その代わり α/p_0 と E/p_0 の関係を理論的に求めるもっと正確な方法を示そう．

Δt 秒間に電子は電界方向に $u_e\Delta t$ だけ進むから前述の α の定義によって1個の電子はその間に $\alpha u_e\Delta t$ 回の電離を行なう．この量は式 (3.167) の g' を用いると $g'\Delta t$ と表わせるから

$$\alpha u_e\Delta t=g'\Delta t$$

g' に式 (3.183) を用いると

$$\alpha=n_m\sigma_i^*(\langle v_e\rangle/u_e)e^{-\frac{\varepsilon_i}{kT_e}}$$

さらに式 (3.109) および式 (3.79) を用いて

$$\alpha=1.25(n_m\sigma_i^*/\sqrt{\kappa})e^{-\frac{V_i\sqrt{\kappa}}{0.49E\lambda_e}}$$

または

$$\alpha/p_0=1.25(n_{m1}\sigma_i^*/\sqrt{\kappa})e^{-\frac{2.04V_i\sqrt{\kappa}p_0}{E\lambda_{e1}}} \tag{4.8}$$

この式はちょっとみると式 (4.7) の形をしている．しかしながら式 (3.78) によって定義された κ は T_e，したがって E/p_0 の関数であるので実は式 (4.7) とは相当違ったものなのである．ところで，この式が測定値とどのぐらいよく一致するかを調べることは興味あることであるが，残念ながら κ と E/p_0 の関係の数値計算が非常にむずかしいので，ここでそれをやってお目にかけるわけにはゆかない．実際に式 (4.6) を用いる必要のあるときは式 (4.7) のような実験式か，または**図 4.7** に示すような信頼すべき実験データを用いることがよく行なわれている．

α の代わりに

$$\alpha/E=\eta \tag{4.9}$$

を用いることもある．E は 1cm あたりの電位差であるから，η は1個の電子が 1V の電位差の区間を進む間の電離の数である．α/p_0 と E/p_0 の関係がわかっておれば

$$\eta=\frac{\alpha/p_0}{E/p_0}$$

であるから η と E/p_0 の関係は容易に求まる．すなわち**図 4.6** において C 点に対する η は

$$\eta = CP/OC = \tan\theta$$

で求まる．**図 4.9** は種々の気体についての η と E/p_0 の実測結果を示す．

$$\alpha d = (\alpha/E)\,Ed = \eta V$$

であるから式 (4.3) は

$$I = I_0\, e^{\eta V} \qquad (4.10)$$

と表わせる．

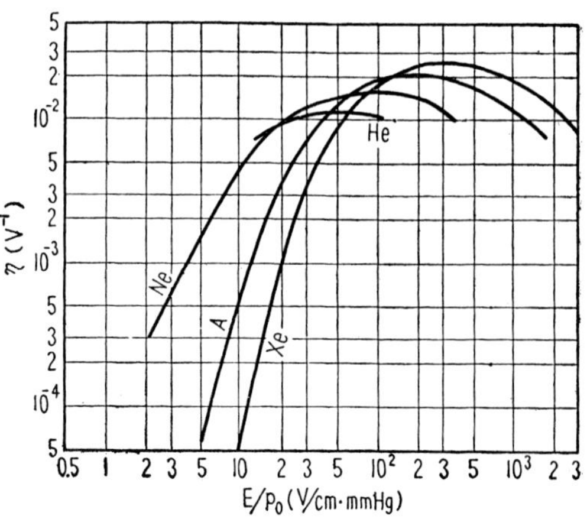

図 4.9．η と E/p_0 の関係．

最後に注意しておくが，α も η も上述のように平等電界における実験定数として定められたものである．これを不平等電界の場合に用いることはその不平等の程度が小さいときは許されるが，それがはなはだしいときには用いることができないのである．

4. 2. 相　似　則

ここで式 (4.4) を式 (4.6) のように変形したことがどのような意味を持つかを説明しよう．この変形の意味は E と p_0 という 2 つの変数の関数が，E/p_0 という 1 つの変数に書きかえられたこと，言いかえれば変数の数を実質的に 1 つ減らすことに成功したという点である．その結果，新しく現われた 2 つの変数 α/p_0, E/p_0 は式 (2.76) を用いて次のように書きかえられる．

$$\left.\begin{aligned} \alpha/p_0 &= (1/\lambda_{e1})\alpha\lambda_e \\ E/p_0 &= (1/\lambda_{e1})E\lambda_e \end{aligned}\right\} \qquad (4.11)$$

そして $\alpha\lambda_e$ は 1 個の電子が電界方向に λ_e の距離を進む間に行なう電離数であり，$E\lambda_e$ は λ_e の距離の間の電位差である．このことを α や E の本来の定義と比較してみると，α や E の代わりに α/p_0 や E/p_0 を変数として用いることの意味は，「長さの尺度として 1cm というような固定した尺度を

用いず，λ_e という気体の密度に逆比例して変化する尺度を用いる」ことであるということがわかるであろう．こうすることによって p_0 を事実上変数からはずすことに成功できたのである．こう考えてみると，なるほど気体のように密度が大幅に変わるものの理論的取り扱いのための長さの単位としては，cm のように固定した物指しよりもっと現象に即した物指し，すなわち密度が大きくなれば分子間の距離が小さくなるので，物指しもちぢむというような伸縮自在の物指しを用いる方が妥当のように思われる．以上のことを一般に言うならば次のようになる．

気体放電の諸現象のうち，衝突によって支配される現象には必ず p_0 が変数としてはいるが，長さの尺度として平均自由行程に比例した尺度を用いると p_0 を変数からはずすことができる．

これを放電の**相似則** (similitude principle) という．式 (4.6) は相似則を用いた表示法の1つである．式 (3.106) や式 (3.72) も同様である．このようなやり方に類似した例を気体放電以外の分野にみつけることは困難でない．たとえばアンテナの研究において，長さを表わすのに m を用いず $^1/_2$ 波長とか $^1/_4$ 波長とか言って波長（それは周波数に逆比例する）を物指しにしているのなどはよい例である．

4. 3. 絶縁破壊への近接

図 4.3 に示されるような実験を E/p_0 や d のもっと大きい範囲にわたって行なうと，**図 4.10** のように直線からはずれてくる.* 電子の衝突電離だけならば**図 4.3** のような直線が得られるわけだから，このことは E/p_0 が大きくなると，それ以外の何者かが電子の増加に寄与しはじめるとみなければならない．さきに電子の衝突電離によって現象を説明したタウンゼントが，その原因を正イオンの衝突電離に求めたことは，まことにもっともなことであったと言わなければならない．そこで α にならって β を1個の正イオンが電界方向に単位長だけ進む間に行なう電離の数と定義し〔β を**タウンゼント**の第2係数

---

* 図 4.10 は式 (4.3) を変形した式 $\dfrac{1}{p_0}\log(I/I_0)=\left(\dfrac{\alpha}{p_0}\right)d$ によっている．

(second Townsend coefficient) ということがある.〕 α, β の両者を考慮して, $i=I/S$ (放電々流密度) の計算を行なうと次のようになる.

図 4.1 の電極間の任意の 1 点の陰極面からの距離を x とすると, x と $(x+\Delta x)$ の間ではおのおのの電子は $\alpha\Delta x$ 回の電離を行ない, おのおのの正イオンは $\beta\Delta x$ 回の電離を行なうから Δx の間における i_e の増加 Δi_e は

$$\Delta i_e = i_e\alpha\Delta x + i_i\beta\Delta x$$

したがって

$$\frac{di_e}{dx} = \alpha i_e + \beta i_i \qquad (4.12)$$

全電流 $i=i_e+i_i$ は x に無関係でなければならないから,

$$\frac{di_e}{dx} + \frac{di_i}{dx} = 0 \qquad (4.13)$$

この連立方程式を解いてみよう. i_e および i_i の解は式 (4.13) を満足しなければならず, かつ

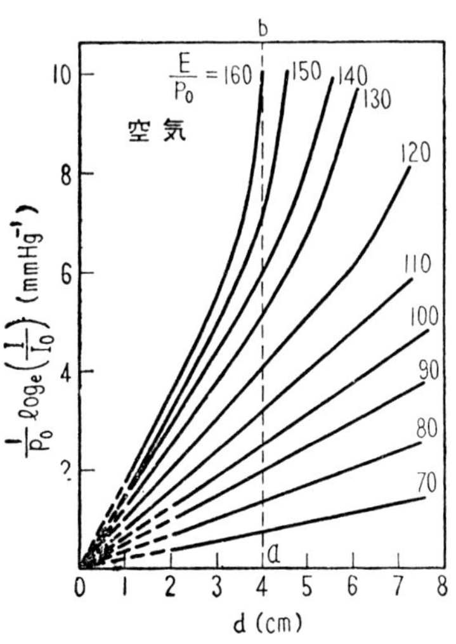

図 4.10. d vs. $\log I$ が直線とならない場合.

$$i_e + i_i = i$$

であるから解を次のように仮定する.

$$i_e = A_1 e^{bx} + A_2 \qquad (4.14)$$

$$i_i = -A_1 e^{bx} + (i - A_2) \qquad (4.15)$$

定数 b, A_1 および A_2 の決定は次のようにして行なう. 式 (4.14) から di_e/dx を求め, 式 (4.14), (4.15) と共に式 (4.12) に代入し, i を求めると

$$\beta i = A_1\{b-(\alpha-\beta)\}e^{bx} - A_2(\alpha-\beta) \qquad (4.15.1)$$

i は x に無関係でなければならないから, e^{bx} の係数は 0 でなければならない. したがって

$$b = (\alpha-\beta) \qquad (4.16)$$

そして式 (4.15.1) は次のようになる.

$$\beta i + A_2(\alpha-\beta)=0 \tag{4.17}$$

次に境界条件，陰極面 ($x=0$) においては $i_e=i_0$

陽極面 ($x=d$) においては $i_i=0$

を式 (4.14)，(4.15) に代入すると

$$i_0=A_1+A_2$$
$$0=-A_1 e^{bd}+(i-A_2)$$

これらの式から A_1，A_2 を決定できるが，いま求めているのは i であるから，この2式から A_1 を消去した式

$$i_0 e^{bd}=i+A_2(e^{bd}-1)$$

と式 (4.17) から A_2 を消去し，$b=(\alpha-\beta)$ を用いて

$$i=i_0\frac{(\alpha-\beta)e^{(\alpha-\beta)d}}{\alpha-\beta e^{(\alpha-\beta)d}} \tag{4.18}$$

を得ることができる．この式は $\beta\to0$ とすると

$$i=i_0 e^{\alpha d}$$

となって，式 (4.3) に一致する．この式は d を大きくすると分母が減少し，したがって式 (4.3) の場合よりもっと急に i が増加するから，確かに**図 4.10** の傾向を表わすことができる．

しかしながら **3. 2. 1** 節にも述べたように，放電空間においてはイオンの衝突電離は通常ほとんどないので β を用いる理論は受け入れるわけにはいかないのである．したがって式 (4.18) は今日では気体の絶縁破壊の理論では使用されない．しかしおもしろいことに，この式は半導体の絶縁破壊の理論に使用されるのである．半導体では正イオンに相当するものは正孔であり，正孔による電離は十分可能だからである．この式をここに紹介した理由はそのためである．タウンゼントもこのようなことになるとは全然予想しなかったであろう．

タウンゼントは β を用いる理論が不合理であることを指摘されても簡単にはそれをあきらめなかったが，彼自身，β の代わりに他の電子増加の原因を求め，陰極面に正イオンが衝突するさい，電子が放出される現象（これをイオンによる2次電子放出という.）を導入して理論をたてることをも行なった．今日広く用いられているのはこの理論である．その説明を行なうにはまずイオン

による2次電子放出現象*の説明を行なわなければならないが，それは4.7節において行なうこととし，ここでは彼が行なったように単に1個の正イオンが陰極面にぶつかった場合に電子が放出される確率を γ で表わし，γ と α を用いて i を計算してみよう．

i は次のように考えると無限等比級数の和と考えることができる．まず最初に初期電子流 i_0 が電子の衝突電離によって増加し，陽極に $i_0\,e^{\alpha d}$ なる電子流が流れる．その間の電子の増加は

$$(1/q)(i_0\,e^{\alpha d}-i_0)=(e^{\alpha d}-1)i_0/q$$

であるから，発生する正イオンの数もこれだけである．これらの正イオンは電界方向に流れて全部陰極面に達し，$\gamma(e^{\alpha d}-1)i_0/q$ 個の2次電子を放出する．この2次電子が陰極面を出発するときの立場は最初の i_0 と全く同じであるから，上に述べた i_0 のふるまいと全く同じことを行なう．したがって

$$\gamma(e^{\alpha d}-1)\equiv M \tag{4.19}$$

とすると，Mi_0 が電子の衝突電離によって増加し，陽極に $Mi_0\,e^{\alpha d}$ なる電子電流が流れる．その間の電子の増加数

$$(1/q)(Mi_0\,e^{\alpha d}-Mi_0)=(e^{\alpha d}-1)Mi_0/q$$

に等しい数の正イオンは陰極面に達してその γ 倍，すなわち M^2i_0/q 個の2次電子が放出され，これは陽極面に達するまでに増加して $M^2i_0\,e^{\alpha d}$ なる電子電流が流れる．このようなことが限りなく繰り返されるのである．**図 4.11** は以上の経過を流しカメラ的に図示したものである．この図に現われている陽極面における電子電流を加え合わせると

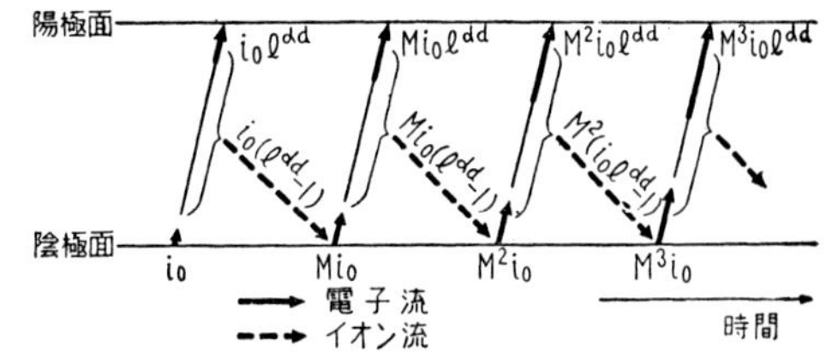

図 4.11．電子の衝突電離と γ 機構による放電電流の増加の説明（$M>1$ の場合）

$$i_0\,e^{\alpha d}+Mi_0\,e^{\alpha d}+M^2i_0\,e^{\alpha d}=i_0\,e^{\alpha d}(1+M+M^2)$$

となる．この形からみて陽極面における電子電流の総和 $i_e)_A$ は

* これを γ 機構（γ-mechanism）ということがある．

$$i_e)_A = i_0\, e^{\alpha d}(1 + M + M^2 + M^3 \cdots\cdots) \tag{4.20}$$

なる無限等比級数で表わせることがわかる．$M<1$ の場合はこの級数は収束して

$$i_e)_A = i_0\, e^{\alpha d}/(1-M)$$

となる．陽極面においてはイオン電流がないので，$i_e)_A$ は今求めている i に等しい．すなわち

$$\left.\begin{aligned} i &= \frac{i_0\, e^{\alpha d}}{1-\gamma(e^{\alpha d}-1)} \\ \text{ただし}\quad & \gamma(e^{\alpha d}-1)<1 \end{aligned}\right\} \tag{4.21}$$

この式も式 (4.18) と同じく，d を大きくすると分母が減少するから**図 4.10**の傾向を表わすことができる．

以上述べた2つの説明法は，いずれも電子の衝突電離を1次作用と見て，1次作用にともなって発生する2次的な作用によって**図 4.10** の傾向を説明しようとするものである．そして2次作用として

(1) 正イオンによる衝突電離

(2) 正イオンによる陰極面からの2次電子放出

の2つに注目したのである．しかしながら同様な効果を持つ2次作用として考えうるものはこの他にもさがすことができる．それは次のようなものである．初期電子が電界によって加速されて衝突電離を行ないながら陽極に向かって進む間には，当然電離衝突以外に励起衝突も行なっているはずである．そしてそれに伴って発生するところの準安定原子や光子が陰極面に達し，前者は正イオンと同様に2次電子放出を，後者は光電子放出を行なうことが考えられるのである．すなわち上記の (1)，(2) のほかに

(3) 準安定原子による陰極面からの2次電子放出

(4) 光子による陰極面からの光電子放出

の2つが2次作用として考えられるのである．

このように4つの2次作用を考えてみたが，このうち (1) は前にも述べたように気体の場合はほとんど問題にならないのであるが，残る3つはいずれも有効な2次作用となりうることがわかっているのである．したがって現象は相当

複雑なものとなってくる．このような場合によくとられる方法は，「“かくかく”の条件のもとにおいては (2) が最も有力で (3)，(4) は省略できる程度であり，また“しかじか，かよう”な条件のもとでは (4) が最も有力である」といったようなことを実験によって明らかにし，おのおのの範囲内においてだけ用いられる単純化された理論をたてることである．したがってその方向にそった研究がいろいろとなされているが，それらの説明は本書の程度を越えるものであり，また実際，入門書にのせるのにふさわしいように，きれいにまとまった結果は出ていないので，やむをえず省略する．

ただ，本書で取り扱っているような低気圧放電においては，(2) が最も有力なのが最も一般的なケースであるということが言えるので，以下の説明はみな (2) によって，すなわち式 (4.21) を用いて行なうこととする．これがよくわかれば，(3) または (4) による説明も結局は同じようなことであるので容易に理解できるはずである．

4.4. 火花電圧

図 4.10 をみると，たとえば $E/p_0=160\,\mathrm{V/cm\cdot mmHg}$ の場合，$d\to 4$ cm となると放電電流の増加はきわめて急激になってくる．このようなことは式 (4.21) では分母が 0 に近付くと，すなわち $M\to 1$ となるとおこる．そして $M=1$ となると

$$i=i_0\times\infty \tag{4.22}$$

となる．これは式 (4.20) について言えば括弧の中の各項が全部 1 となり，無限級数の和が発散するためである．以上のことを予備知識とし，次のような実験を頭の中で行なってみよう．

図 4.1 の実験装置の d を 4 cm に固定し，ガラス容器内部には空気を $p_0=1$ mmHg だけ封入する．そうして電極間に加える電圧 V を次第に上げてゆくと，**図 4.10** の $d=4$cm のところに垂直に引いた点線 ab にそって I がふえてゆく．$V=480$V とすると $E/p_0=120$ であるから $i/i_0\simeq e^4$，$V=560$ V とすると $E/p_0=140$ であるから $i/i_0\simeq e^6$ というふうにふえてゆく．このような状態ではまだ $M<1$ である．$V=640$ V に達すると $E/p_0=160$ となり，こ

のとき，前述のように M はほとんど1に等しくなり，i/i_0 は e^{10} を越え，なおどんどん増加する．つまり d および p_0 を一定として V を次第に上げてゆく実験においては，はじめは $M<1$ であるが，V が上昇すると E/p_0 が大きくなるから**図 4.6** によって α が増加し，したがって式 (4.19) によって M が増加し，$M=1$ に達すると式 (4.22) の状態となって i はいくらでも大きくなれるようになる．このような状態では i はもはや i_0 に依存せず **図 4.1** に示したような紫外線照射を行なわなくても，別な言い方をすれば i_0 がいかに小さくても十分大きい放電電流が流れうる．このような放電は外からの助けを借りないで，すなわち自らの力で続く放電であるので**自続放電** (self-sustaining discharge) と言われる．これに反し，**4.1**節，**4.3**節に述べた放電（つまり $M<1$ の間の放電）は式 (4.3) および式 (4.21) が示すように i_0 に比例し，全く i_0 に依存しているので**非自続放電** (non self-sustaining discharge) という．

これによく似たことが帰還増幅器の回路にもみられる．帰還増幅器の入力電圧を v_0，出力電圧を v，増幅度を μ，帰還係数を β とすると，* よく知られているように

$$\frac{v}{v_0}=\frac{\mu}{1-\mu\beta} \tag{4.23}$$

なる関係がある．この式と式 (4.21) とを比較してみると，$e^{\alpha d}\gg1$ の場合はちょうど

放 電 管	帰還増幅器
i_0	v_0
i	v
$e^{\alpha d}$	μ
γ	β
M	$\mu\beta$

と対応させれば両式は全く同じ形であることがわかる．したがって，このような対応を念頭において考えると両者の現象のうち，一方のある現象がよくわか

* これらは，ここだけの記号である．μ, β は今まで他の意味に用いたが，ここでの定義はもちろんそれには関係がない．

れば，他方のそれに対応する現象も容易に理解できるわけである．たとえば非自続放電に対応する現象を帰還増幅器にみつけてみよう．

非自続放電の場合は $M<1$ であり，帰還増幅器の場合のこれに対応する条件は，$\mu\beta<1$ である．そうして $\mu\beta<1$ の場合，式 (4.23) は増幅作用を表わすから，非自続放電は増幅作用に対応していることがわかる．また $M=1$ は $\mu\beta=1$，すなわち発振条件に対応するから，自続放電は発振作用に対応する．このように対応をつけてみると帰還増幅や発振の現象をよく理解している人は，非自続放電および自続放電の現象を容易に理解できるであろう．

以上の対応の他にもまだいろいろな対応をみつけることが可能なはずである．これらは読者の楽しみとして残しておこう．このような試みは知識を体系づけようとする努力であり，学問の進歩にとって不可欠なものである．

さて本論にもどり

$$M\equiv\gamma(e^{\alpha d}-1)=1 \tag{4.24}$$

は自続放電を成立させるための条件であるので，**自続放電確立条件**，または**火花条件** (sparking criterion) という．そして，この条件を成立させるために必要な電極間電圧を**自続放電開始電圧**(略して**放電開始電圧**)，または**火花電圧** (sparking potential) という．火花とかスパークとかいうと，われわれは何か硬い感じの現象を頭に画くが，低気圧の場合の自続放電開始の現象は，たとえばけい光燈の点燈などでもみられるように，もっとソフトな感じの現象である．したがって火花電圧よりも放電開始電圧の方がしっくりするような気がするが，火花電圧の方が短くて言いやすいので，この方が広く用いられている．

次に図 **4.1** のような平等電界の場合の火花電圧 (V_s) を求めてみよう．火花条件は次のように変形できる．

$$\alpha d=\Phi \tag{4.25}$$

ただし

$$\Phi\equiv\log(1+1/\gamma)$$

当面の問題はこの式が成立している場合の電極間電圧を求めることである．これを厳密に解くことはむずかしいので，次のような近似を行なう．γ は **4.7** 節に述べるように気体の種類と電極材料によって定まり，イオンのエネルギーに

はあまり関係しない量なので，Φ を定数とみなす．そして式 (4.6) を用いるために式 (4.25) を

$$(\alpha/p_0)(p_0 d)=\Phi \tag{4.26}$$

と書きなおす．ところで前にも述べたように式 (4.6) を実際に用いるには

(*a*) 実験式 (4.7) による

(*b*) **図 4.7** に示すような測定値を用いる．

の 2 つの方法がある．そこでまず (*a*) の方法によって解いてみよう．式 (4.7) を式 (4.26) に代入すると

$$Ap_0 d\, e^{-\frac{Bp_0}{E}}=\Phi$$

となる．

また
$$E/p_0=V/p_0 d$$

であり，現在は火花条件が成立しているので，$V=V_s$ であるから

$$Ap_0 d\, e^{-\frac{Bp_0 d}{V_s}}=\Phi$$

これから V_s を求めることができて

$$V_s=\frac{Bp_0 d}{\log\{(A/\Phi)p_0 d\}} \tag{4.27}$$

となる．ただ解いただけではおもしろくないから，次にこの結果についていろいろ吟味してみよう．

第 1 に気のつくことは次のようなことである．気体の種類と電極材料を指定すると A, B および Φ が定まるから，V_s は p_0 と d という 2 変数の関数となるが，この 2 変数が $p_0 d$ という積の形ではいっている．したがって $p_0 d$ を新しい 1 つの変数とみると，V_s は 1 変数の関数となる．すなわち

$$V_s=F(p_0 d) \tag{4.28}$$

これは式 (4.6) を用いたことに帰因するもので，やはり相似則による表示法の 1 つである．もっと詳しく言えば，$p_0 d$ を式 (4.11) にならって

$$p_0 d=\lambda_{e1}(d/\lambda_e)$$

と書き表わしてみるとわかるように，$p_0 d$ を変数とするということは d/λ_e を変数とすることと同じであるから，式 (4.28) は「d が λ_e の何倍になってい

るか」で d の大きさを表わすことによって，変数を1つ減らすことに成功しているのである．式 (4.28) を**パッシェンの法則** (Paschen's low) という．これは実験によっても確かめられている．

次に式 (4.27) がどのような形になるかを画いてみよう．この式をなじみやすい形の式にするために

$$(A/\Phi)p_0 d=x,\quad (A/\Phi)(V_s/B)=y$$

とおくと

$$y=\frac{x}{\log x} \tag{4.29}$$

となる．この式は図 4.12 に示すような形となる．ただし，$x<1$ では $y<0$ となるが，これは物理的に意味がないので描かなかった．このように y は $x=e$ において最小値 e をとり，x がそれより減少すると急激に増加し，反対に x が e より増加するとゆるやかに増加する．V_s と $p_0 d$ の関係になおすと，V_s は最小値 ($V_{s\,\min}$) を持ち，それに対する $p_0 d$ を $(p_0 d)_{\min}$ とすると

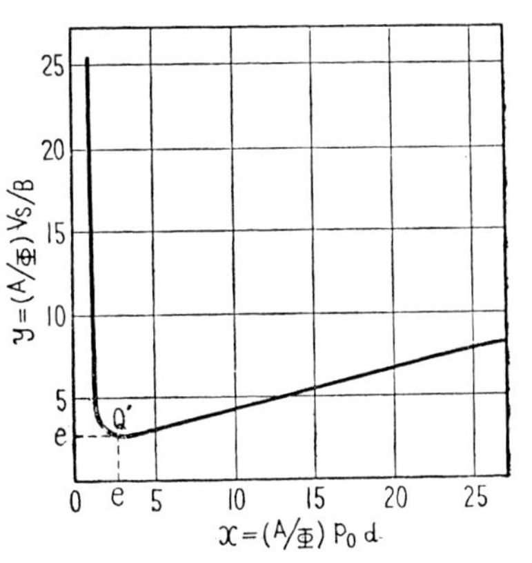

図 4.12. $y=x/\log x$ （ただし $y>0$）.

$$\left.\begin{aligned}(p_0 d)_{\min}&=e(\Phi/A)\\ V_{s\,\min}&=Be(\Phi/A)\\ &=B(p_0 d)_{\min}\end{aligned}\right\} \tag{4.30}$$

となり，$p_0 d$ がそれより大きくても小さくても V_s は増加するということになる．$x=1$ とすると $y=\infty$，すなわち $V_s=\infty$ となるが，これは近似の粗さによるもので実際にはそのように V_s が高くなることはない．

このような計算を実験結果と比較する前に式 (4.6) のもう1つの用い方，(*b*) の方法によって V_s を求めてみよう．この方法は図式解法である．まず式 (4.25) を次のように変形する．

$$(\alpha/E)(Ed)=\Phi$$

$Ed=V=V_s$，および式 (4.9) を用いて

$$V_s = \Phi/\eta \tag{4.31}$$

η は図 **4.7** または図 **4.9** から容易に求めることができるから，Φ がわかれば V_s が求まる．そこで Φ を求めてみよう．まず気体は空気で $p_0=1\,\mathrm{mmHg}$ と仮定する．図 **4.10** によると $d=4\mathrm{cm}$ のとき（すなわち $p_0d=4$ のとき）$E/p_0=160$ になると i の急増が現われる．言いかえれば火花条件が成立する．$E/p_0=160$ のとき空気の α/p_0 は図 **4.7** によると **1.8** であるから，式 (4.26) に代入すると

$$\Phi = 1.8 \times 4 = 7.2$$

となる．これは $\gamma \simeq 8\times10^{-4}$ に相当する．これで準備ができた．実際に V_s と d の関係（p_0 は $1\,\mathrm{mmHg}$ に定めてあるので $p_0d=d$）を求めるには次のようにする．図 **4.6** に示すように $\alpha/p_0=f(E/p_0)$ の曲線上に 1 点 P をとる．この点の η は $\tan\theta$ で表わされるから，その値を式 (4.31) に代入して V_s を求める．また P 点の E/p_0 は OC であるから

$$d = p_0d = V_s/(E/p_0) = V_s/OC$$

から d が求まる．このようにして任意の点 P に対応する V_s と d を求めることができる．図 **4.13** の点線はこのようにして求めた空気の V_s と p_0d の関係である．このような図式解法の特長は $\alpha/p_0=f(E/p_0)$ 曲線と $V_s=F(p_0d)$ 曲線との相互関係がよくわかることである．たとえば式 (4.31) をみると η が最大になるとき V_s が最小になることがわかるが，η の最大は図 **4.6** の Q 点において現われる．すなわち，この Q 点が図 **4.12** の Q' 点（$V_{s\,\mathrm{min}}$ の点）に対応する．このように考えると V_s に最小値があるのは η に最大値があること，言いかえれば E/p_0 を 0 から次第に増加させる場合の α/p_0 の増え方がはじめ凹形で後凸形に転

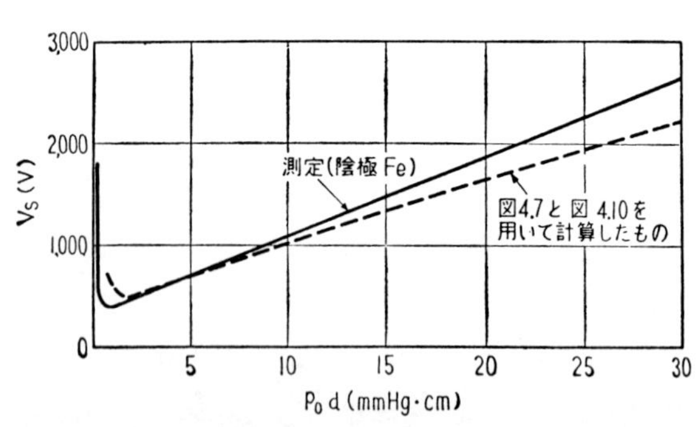

図 4.13. 空気の火花電圧 V_s.

じ，その後次第に飽和の傾向を示すことに帰因していることがわかる．

図 4.13 の実線は鉄の陰極を用いて測定した空気の V_s である．これを計算値（点線）と比較することは，**図 4.10** を求めた実験装置の陰極は何であるかが原論文〔Sanders, *Phys. Rev.*, **44**, 1020 (1933)〕に書いてないのでちょっと問題があるが，とにかく両者が相当よく一致していること，およびこの測定値が**図 4.12** と非常によく似た傾向を示していることから，読者は以上の理論が妥当なものであることを容認するであろう．**図 4.14** は 2，3 の気体の V_s と p_0d の関係の測定結果を両対数グラフで示したものである．この図には Ne に微量の A を加えると V_s が非常に低くなることが示されているが，これは**3.1.3**節に述べた**ペンニング効果**によるものである．

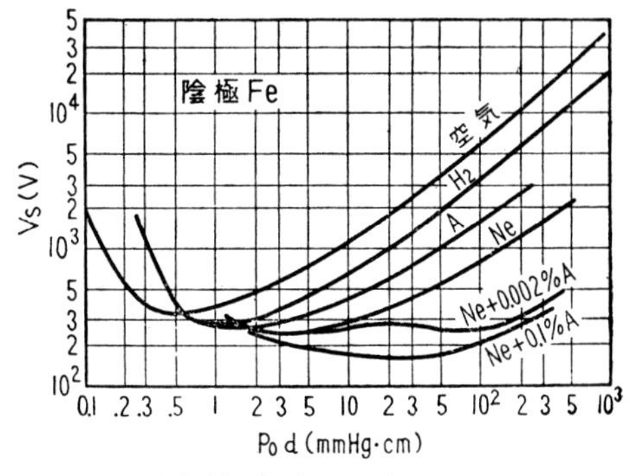

図 4.14．2，3 の気体の火花電圧．

以上の説明で V_s は

(1) p_0d が $(p_0d)_{\min}$ より小さくなると顕著に上昇し

(2) p_0d が $(p_0d)_{\min}$ より大きくなると，ゆるやかに直線的に上昇する．

ということがわかったであろう．これは重要な常識である．**表 4.1** はいろいろな気体の $V_{s\,\min}$ と $(p_0d)_{\min}$ の値を示す．空気の $(p_0d)_{\min}$ は 0.57 であるから，この値を p_0=1mmHg において実現さすためには d=5.7 mm とすればよいが，大気中で実現さすためには

表 4.1．$V_{s\,\min}$ と $(p_0d)_{\min}$

気　体	陰　極	$V_s$min(V)	$(p_0d)_{\min}$ (mmHg•cm)
He	Fe	150	2.5
Ne	Fe	244	3
A	Fe	265	1.5
N_2	Fe	275	0.75
O_2	Fe	50	0.7
空　気	Fe	350	0.57
H_2	Pt	295	1.25

$$d=0.57/760=7.5\times10^{-4}\ \mathrm{cm}$$

まで両電極を近付けなければならない.

以上述べた自続放電発生の機構は研究者の名をとって**タウンゼント機構** (Townsend mechanism) と言われる. p_0d がだいたい

$$0.1(p_0d)_{\min}<p_0d<100(p_0d)_{\min}$$

ぐらいの範囲 (ただし, 上限と下限はおよその値である.) で, かつ平等電界, または不平等電界でも不平等の程度が著しくない場合の自続放電発生の機構は, タウンゼント機構であることは実験によっても確かめられているが, p_0d が非常に小さいか, または非常に大きいときは, タウンゼント機構では説明できない現象がいろいろとおこってくる. しかしながら, これらの説明は本書の性質から考えて省略することとした.

4. 5. 破 壊 電 圧

自続放電がどのようにして発生するかは今までの説明でわかったことと思うが, その際の放電々流の値については, 単にそれが無限大になる可能性があると言っただけで, それ以上は何も説明しなかった. 実際の実験では無限大の放電電流ということはありえないので, 何らかの条件で放電々流は限定されなければならない. 今からその説明をしよう. ただし, 計算によって説明することは非常にむずかしいので, もっぱら定性的な説明でがまんしていただくことにする.

今までと同様, 平等電界の場合を取扱うこととする. 放電々流が増加してくると, 両電極間は電離気体, すなわちプラズマで満たされるが, 陽極表面には電子が集められて負空間電荷が現われ

$$d^2V/dx^2=-4\pi\rho>0$$

となり, 反対に陰極表面には正イオンが集められて, 正空間電荷が現われ,

$$d^2V/dx^2=-4\pi\rho<0$$

となるので, 結局**図 4.15** に示すような電位分布となる. 正空間電荷の方が効果が大きいのは, 正イオンの方が重くてのろのろしているために空間に長くとどまるためである. この電位分布を思いきった近

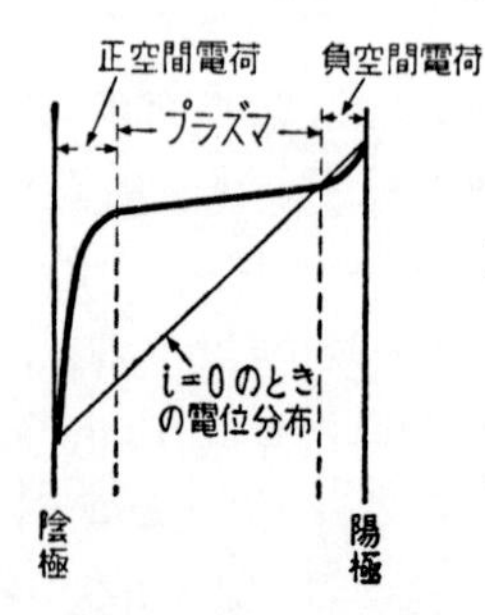

図 4.15. 電位分布の一般的傾向.

似的表現を行なって**図 4.16** のように表わしてみる．そうすると陽極と cc' との間はプラズマであるので，この部分を完全な導体と考えると，このような電位分布の場合の現象は陽極を bb' から cc' まで前進させた場合の現象と等価であると考えることができる．こう考えると，空間電荷の発生は電極間距離を近づけるのと同様な効果を与えるということができる．陰極から cc' までの距離を便宜上「等価な p_0d」と呼ぶこととする．これを頭において**図 4.13** をながめると次のようなことがわかる．

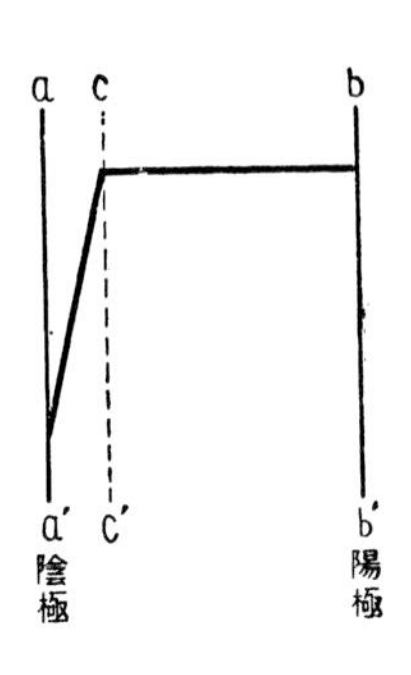

図 4.16．空間電荷効果の近似的表示．

$p_0d>(p_0d)_{\min}$ の場合は放電々流が増加すると自続放電を維持するために必要な電圧〔これを**放電維持電圧** (maintaining potential) という．以下 V_D で表わす．〕は V_s より低下し，$p_0d<(p_0d)_{\min}$ ならば V_D は V_s より上昇する．この結論は厳密に言うと問題があるが，だいたいこう考えてさしつかえない.* したがって火花発生以後の V_D-I 特性は，$p_0d>(p_0d)_{\min}$ の場合は**図 4.17** の実線 V_sb に示すように負抵抗特性を示し，**図 4.1** のように負荷抵抗のない回路では回路の全抵抗が負となるので，V が V_s より少し大きくなるといきなり大電流が流れ，いわゆる破壊の状態となるが，$p_0d<(p_0d)_{\min}$ の場合は **図 4.17** の実線 V_sa のような正抵抗特性を示すので，$V>V_s$ となってもその抵抗値で制限された小さい電流しか流れない．つまりまだ破壊の状態にはならない．しかし V を上昇させて放電々流を次第に増加させると「等価な p_0d」が次第に減少し，陰極表面の電界強度が強くなり，特に電極の端の部分に現われる不平等電界が強くなる結果，今まで用いてきた平等電界における計算式では説明できないような現象がおこり，V_D-I 特性はついに点線 ac で示すように負抵抗特性に転じ，V_sb の場合と同様に破壊がおこる．このような経過をたどって現われる V_D の最高値は破壊をおこさせ

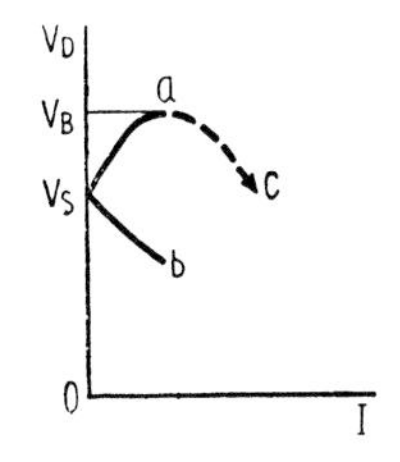

図 4.17．火花発生以後の放電維持電圧 (V_D) と電流 (I) との関係．

---

* 正確には $(p_0d)_{\min}$ でなく，図 **4.6** の変曲点 R に対応する p_0d〔$(p_0d)_{\min}$ より少し右〕が境い目になる．

るに要する電圧であるから**破壊電圧** (break down potential) と言われる．これを V_B で表わすこととしよう．以上の説明からわかるように，$p_0d<(p_0d)_{\min}$の場合は $V_B>V_s$となるが，$p_0d>(p_0d)_{\min}$ の場合は $V_s=V_B$ である．破壊の現象は目で見てもはっきりわかる現象である．したがって V_s の測定は p_0d が大きい場合ははっきり行なえるが，$p_0d<(p_0d)_{\min}$ の場合は V_s に達しても微弱な電流が流れるだけなのでよく注意していないとわからない．

このように火花発生以後，正抵抗特性の現われる現象は大気中の著しい不平等電界の場合にも現われる．これは不平等電界のために電極表面にできた電界強度の特に強い部分が空間電荷の発生によって，かえって なまされて 平等電界に一歩近付くためにおこる現象で，そのために小さい放電々流が安定に続く現象を**コロナ放電** (corona discharge) または単に**コロナ** (corona) と言い，高圧送電線などでよく問題になることはおそらくご承知のことであろう．

4. 6. グロー放電とアーク放電

$p_0d>(p_0d)_{\min}$ の場合について説明しよう．**図 4.18** は V_D-I 特性の代表的な例である．このような著しい非直線特性がどのようにして現われるかを説明しよう．前節で I が増加すると「等価な p_0d」が減少して V_D が低下することを述べた．このことから考えると，V_D は「等価な p_0d」が $(p_0d)_{\min}$ に達したときに $V_{s\min}$ に達して最小値をとり，それ以後は I の増加とともに V_D は上昇し，V_D-I の特性はちょうど V_s-p_0d 特性を左右に裏返ししたような形になりそうに思える．この予想はだいたいにおいて正しいが，実際の現象では以上の予想では見落されていることが起こっている．それは V_D が $V_{s\min}$ にまで低下する途中において，放電が陰極表面の一部分に集中してしまうという

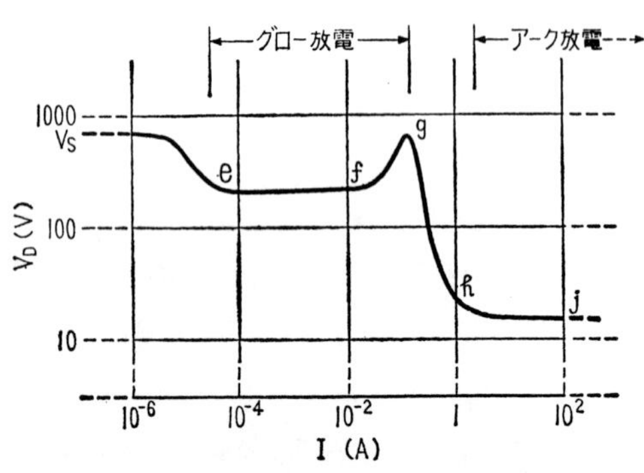

図 4.18. 低気圧自続放電の代表的な V_D-I 特性．

現象である.

電界の ひずみ の程度を支配するものは空間電荷密度であるから, **図 4.15** に示すような電位分布の形を決定するものは全電流 I でなく, 電流密度 i である. したがって何らかの理由で陰極表面に i の大きい部分ができると, その部分の「等価な p_0d」が減少し, したがってその部分の V_D が低下し, そのためにその部分の i はますます増加して電流の集中現象はますますはなはだしくなる. V_D の低下は i が「等価な p_0d」を $(p_0d)_{\min}$ に等しくする値, i_n に達したときに終わり, それと同時に電流集中の作用もとまる. そのとき陰極の全表面積 (S_0) のうち, $i=i_n$ なる値で放電の行なわれている部分の面積を S とすると

$$I=Si_n$$

となり, 残余の S_0-S の部分では放電がほとんど行なわれず, $i\simeq 0$ となっている (**図 4.20** 参照). ただし, プラズマの部分では空間電荷がないので, このような電流の集中する作用はおこらない. このような状態においては V_D は $V_{s\min}$ に近い値をとるであろうと考えられる. I をそれ以上に増加さす場合, 増加分は S の増加でまかなわれ, i_n は変わらない. したがって V_D も変わらない. このような状態は $S=S_0$ となって陰極の全表面で放電が行なわれるようになるまで続く. これが ef の間の定電圧特性 (I が変わっても V_D が変わらない特性) が現われる理由である.

I がそれより更に増加すると「等価な p_0d」は再び減少し始め, $(p_0d)_{\min}$ を割るので V_D は上昇を始める. これが fg の区間であり, **図 4.17** の V_sa の間の現象と同じような現象である. g において**図 4.17** の a 点におけると同様に, 現象の大きい変化がおこり, V_D は急降下を始める. efg の間の放電は昔の研究者によって**グロー放電** (glow discharge) と名付けられ, それを更に2つに分けて, ef の区間 (定電圧性の区間) は**正常グロー** (normal glow), fg の区間 (正抵抗性の区間) は**異常グロー** (abnormal glow) と名付けられている.

正常と異常という1対の形容詞は何か意味がありげに考えられるが, これは何の意味もない単なる呼び名であると考えてよろしい. gh の間で V_D の急激

なる減少が現われるのは，この間で自続放電を維持する機構に根本的な変化がおこるためであると考えられる．I が更に大きく増加した hj の間はその新しい機構による自続放電で，V_D はグロー放電のときに比較して1けた以上低い．この放電形式は**アーク放電** (arc discharge) と名付けられている．アーク放電は j よりもっと右の方に続くが，あまり電流の大きい実験はむずかしくなるので，この辺で打ち切っておく．gh の間はグロー放電からアーク放電への転移の行なわれる区間で，一般に不安定であって，実験データの再現性がよくない場合が多い．

4. 7. 陰極表面ならびにその近傍の現象

表題のことがらをグロー放電の場合とアーク放電の場合とに分けて説明し，2つの放電形式の相異点を明らかにしてみよう．**図 4.15** からもわかるように，直流自続放電の行なわれている空間は，電流の特に小さい場合を除いて大部分プラズマで満たされ，陽極および陰極の近くには空間電荷層が発達して気体と金属との境界面における電流の連続性を保持する働きをしている．ところでプラズマについては第3章にくわしく説明したが，陽極面や陰極面における現象についてはまだ何も説明していない．そこで今からその説明を試みるのであるが，表題に示すように両電極のうち，陰極面に関する現象だけについて説明し，陽極面の現象は省略する．それは **4.3** 節および **4.4** 節に説明したように自続放電を可能ならしめる要因は，陰極面で行なわれる帰還作用（帰還係数 γ）であり，したがって陰極面の現象によって全現象が支配されていると言えるからである．

4. 7. 1. グロー放電

図 4.19 に示すような細長いガラス管の両端に平板電極を封じこんだもの（ガイスラー管といわれる）に A，Ne 等の不活性ガスを 0.1～1 mmHg の程度封入し，図のような結線でグロー放電をおこさせると，発光する部分と発光しない部分が現われ，特徴のある発光状態を示す．この現象は 19 世紀末の物理学者の興味を大いにそそったもので，原子物理学の研究はこれからスタートしたといってもよい．おのおのの発光部分や発光しない部分には当時の研究者

によって図に記入したような名前がつけられている（ただし，細かい部分の名称は省略した.）．すなわち発光部分は陰極の近くから順に**負グロー** (negative glow)，**陽光柱*** (positive column) および**陽極グロー** (anode glow) と名付けられ，光らない部分は**クルークス暗部** (Crooks dark space)，**ファラデー暗部** (Faraday dark space) のように人名を冠して呼ばれている．

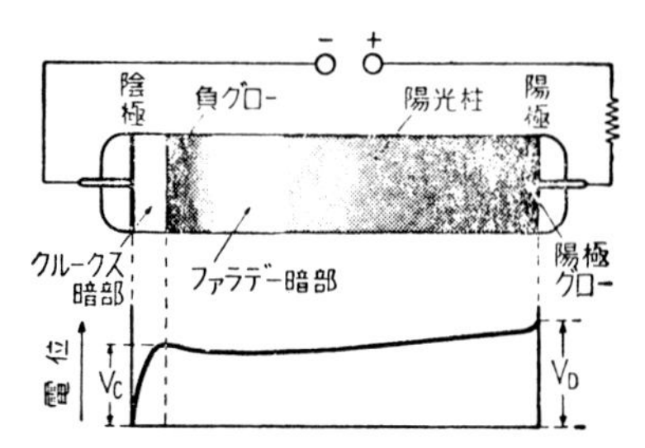

図 4.19. グロー放電の外観および電位分布（異常グロー）.

電位分布は同図の下の図に示すようになっている．これからもわかるようにファラデー暗部と陽光柱はプラズマ状態にあり，クルークス暗部には正空間電荷がある．V_D の大部分はクルークス暗部にかかっている．この部分にかかる電位差 V_c は**陰極降下** (cathode fall of potential) と呼ばれる．残余の部分の電位分布は図のように 中だるみ のような形になっており，電位傾度は負グローでは負，陽光柱では正となっている．"negative" や "positive" という言葉が冠せられるゆえんである．

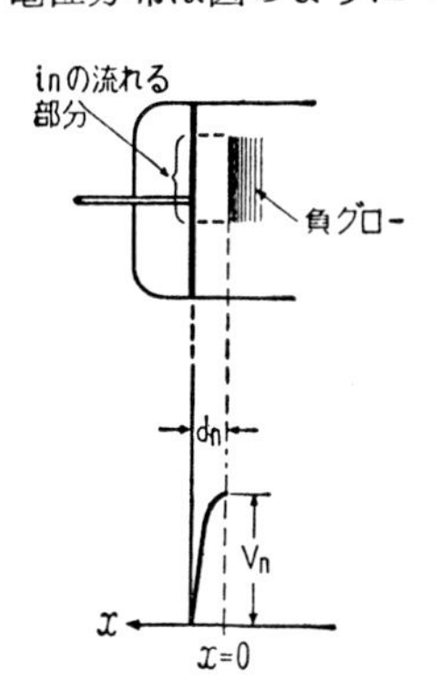

図 4.20. 正常グロー放電の陰極部.

図 4.19 は異常グローの場合であり，正常グローの場合は**図 4.20** に示すように負グローは陰極の前面の1部だけに現われ，陰極表面ではこれに対面する部分だけで，放電が集中的に行なわれていることを示す．V_c および d_c の正常グローの場合の値を V_n および d_n で表わすこととしよう．また異常グローの場合の陰極面での電流密度（正常グローの場合の i_n）を i_c で表わすこととしよう．

前節や前々節で用いた「等価な p_0d」とは d_c と p_0 をかけたものである．したがって p_0d_n は $(p_0d)_{\min}$ に，V_n は $V_{s\min}$ に対応する．ただし，クル

* 光源としては，多く陽光柱の光が利用される．

ークス暗部の右の方の端は負グローを越えてプラズマにつながらなければならないので，その部分の電位傾度はどうしても非常に小さくなければならず，したがって d_c の間に図に示したような不平等電界が現われるから，V_n や p_0d_n と平等電界の場合の値である $V_{s\min}$ や $(p_0d)_{\min}$ とはもちろんすっかり等しくはならない．しかしながら V_n が気体の圧力にほとんど関係せずに，気体の種類と陰極材料とによって決まり，その値が**表 4.2** に示すように**表 4.1** の $V_{s\min}$ とだいたいにおいて近い値であること，また d_n が p_0 に逆比例し，d_np_0 は**図 4.21** に示すように**表 4.1** の $(p_0d)_{\min}$ とかなり近い値であることなどからみて，両者の間に大きい共通点があるとする考え方が妥当なものであることがわかる．

表 4.2．正常グロー放電の陰極降下
（V_n，単位 V）．

陰極＼気体	空気	A	He	H_2	Hg	Ne	N_2	O_2
Al	229	100	140	170	245	120	180	311
C				240	475			
Cu	370	130	177	214	447	220	208	
Fe	269	165	150	250	298	150	215	290
Hg			142		340		226	
Mo					353	115		
Na	200		80	185		75	178	
Ni	226	131	158	211	275	140	197	
Pt	277	131	165	276	340	152	216	364
W					305	125		

d_c または d_n の間の電位分布は放物線の形になっている．すなわち**図 4.20** の中に示すように距離 x をとり，$x=0$ において電位 $V=0$ とすると

$$V=-V_c\,x^2/d_c^2 \tag{4.32}$$

となっている．（正常グローの場合はもちろん V_c, d_c をそれぞれ V_n, d_n に書きかえる．）したがって

$$E=-dV/dx=(2V_c/d_c)(x/d_c) \tag{4.33}$$

すなわち E は x に比例する．このことは測定でよくたしかめられている．もう一度 x で微分して空間電荷密度を求めると

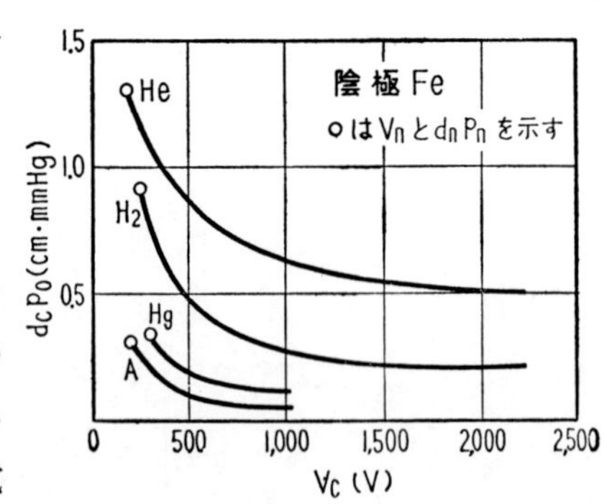

図 4.21．d_cp_0 と V_c の関係．

$$4\pi\rho=dE/dx=2\,V_c/d_c^2 \tag{4.34}$$

となり，x に無関係になるから d_c の間には一様な正空間電荷があることがわかる．

4.6 節にも述べたように異常グローにおいては，I したがって i を増加させると V_c が増加し，d_c が減少する．**図 4.21**，**図 4.22** はそのような傾向の測定例である．変数として d_c や i_c の代わりに p_0d_c と i_c/p_0^2 を用いているのは，**図 4.6** や**図 4.13** と同様に相似則による表示である．p_0d_c は式 (4.28) の p_0d と同じく d_c を λ_e を単位としてはかることを意味し，i_c/p_0^2 は電流密度を $1\,\mathrm{cm}^2$ あたりの電流でなく，λ_e^2 あたりの電流で表わすことを意味している．なぜそうなるかは読者が考えていただきたい．

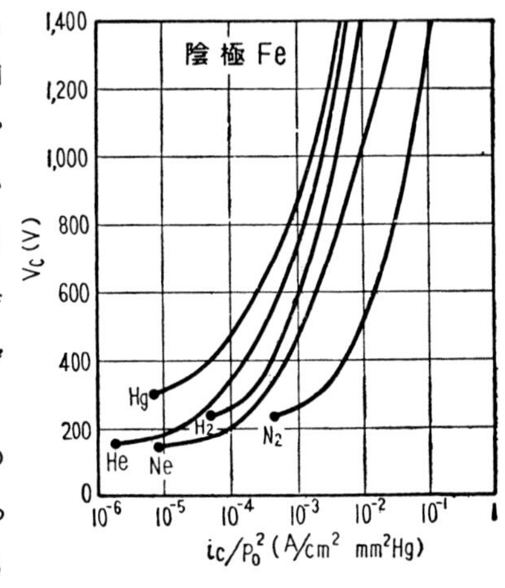

図 4.22．V_c と i_c/p_0^2 の関係．

自続放電をささえているところの陰極面からの電子放出機構は **4.3** 節の場合と変わりがないことは，今までの説明からも想像できよう．したがって

(a) 正イオンによる2次電子放出

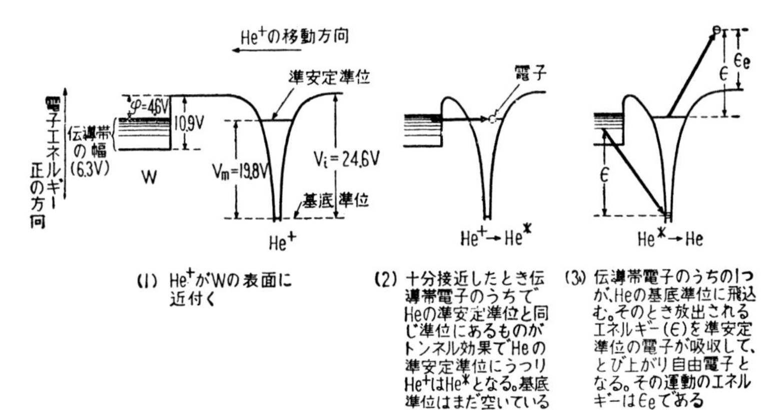

図 4.23．正イオンの衝突による2次電子放出の説明．

(*b*) 準安定原子による2次電子放出

(*c*) 光子の入射による光電子放出

の3つがあるわけである．このうち (*c*) は他の本にもよく説明されている現象なので，ここでは説明を省略し，(*a*)，(*b*) について簡単に説明してみよう．正イオンや準安定原子による2次電子放出は，それらが持っているポテンシャルエネルギーによって行なわれる．**図 4.23** はイオンが準安定準位をもつ場合の電子放出の機構を説明している．電位の向きは**図 3.51** と同じに下向きにとり，イオンは正の電荷を持っているので井戸形の電位曲線で表わした．例として He^+ が W にぶつかる場合を選んで数値を示した．このように (*a*) は2段階で行なわれる．(*b*) の現象はこの図の (3) の現象である．**図 4.24** はイオンの加速電圧（つまり運動のエネルギー）と γ の関係を実験によって求めた結果である．このように γ はイオンの運動のエネルギーにほとんど関係しない．**図 4.23** に書いたような現象のおこる確率を量子力学によって計算して出した γ の値は，実験結果とかなりよい一致を示している．

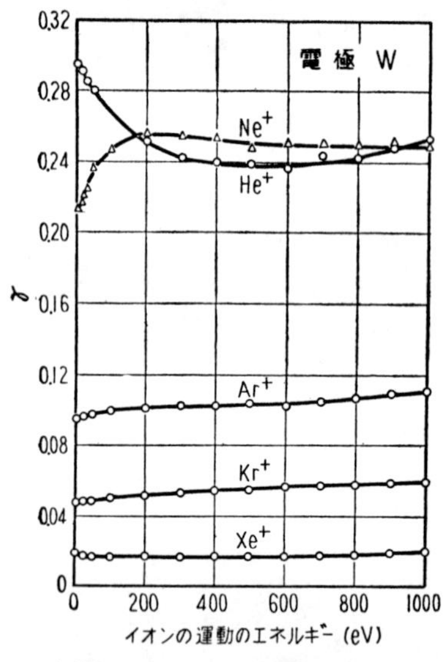

図 4.24．γ とイオンの運動のエネルギーとの関係の測定．

4．7．2．．アーク放電

4.6 節に述べたように，アーク放電の V_D は，グロー放電の V_D より著しく低いが，これは測定の結果によるとアーク放電の V_c が，ほぼ V_i の程度でグロー放電の V_c に比較して著しく低いためである．では，なぜこのように V_c の大きい相異が現われるのであろうか．この問題について考えてみるとき，まず第1に考えつくことは，両者の電子放出機構が全く違うのではないかということである．そこで，この考え方に従って現象を観察してみよう．グロー放電の放電々流をだんだん増加してゆくと，多量のエネルギーが陰極に注入されるため陰極の温度の上昇がめだってくる．陰極が溶解点の低い金属でつくられているときは陰極は溶けてしまうが，タングステンや炭素のように溶解点の高い金属（W：約 3400°C，C：約 3800°C）を用いると陰極は白熱の状態となり，それと同時に V_D が下がってアーク放電になる．W のアーク放電の場合，電流密度の測定例を示すと，陰極温度 3300°C（ただし，最も高い部分）のとき，50 A/cm^2 となっている．ところで W はこれぐらい高い温度になると，この程度の熱電子放出を行ないうることはよくわかっているので，W のアーク放電は熱電子放出によって維持されていると考えてよいことがわかる．熱電子放出によるとグロー放電における γ-機構よりはるかに多量の電子が放出されるので放電の維持が楽になり，V_D が低下するのである．C のアーク放電についても同様なことが言える．

このように溶解点の高い物質のアーク放電の機構は，わりとわかりやすいものであるが，溶解点の低い金属のアーク放電（銅や水銀のアーク放電がそのよい例）の機構はなかなかむずかしいのである．中でも水銀のアーク放電は昔から今日に至るまで，多くの研究者によって研究されてきたが，いまだにはっきりした解決に達していない．どのようにむずかしいか，今からそれを少しばかり説明しよう．

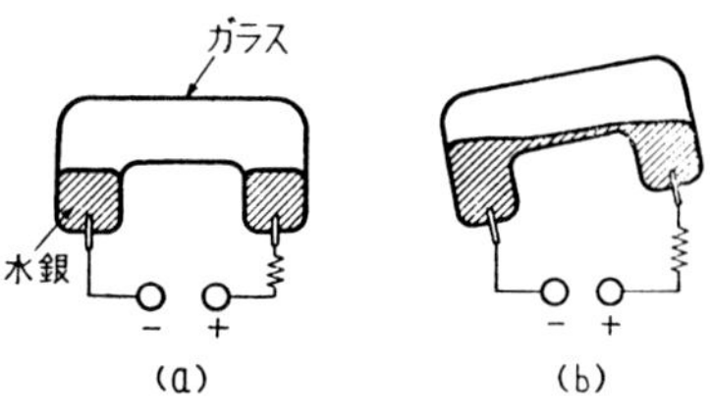

図 4.25．水銀アークの発生法．

図 4.25 は水銀アーク放電を発生させる方法の１つである．図のような形をしたガラス管に水銀を入れ，中を真空に引いて封じ，直流 100 V の電源に 20 Ω ぐらいの抵抗を通して接続する．これを（*b*）のように管を傾けて両方の水銀がつながるようにして電流を流し，次に（*a*）のように管を水平位置にもどすと水銀が切れ，切れる瞬間に発生する火花が元になってアーク放電がつく．これを点弧という．そして管内は青白色に光るプラズマで満たされ，陰極面には白色に輝くたまのような感じのものが動き回っているのが見られる．これは**陰極輝点**（cathode spot）と呼ばれるもので，放電電流は全部この点に集中している．この陰極輝点の中でどのようなことが行なわれているかが，われわれのいま知りたいことなのである．そこで手はじめに温度をしらべてみよう．

溶解点の低い金属は，温度を上げようとしても溶解後どんどん蒸発し，気化熱をうばうから，そんなに高い温度になるとはまず考えられないが，測定をしてみるとやはり非常に低くて，約 300°C である．一方，陰極輝点の大きさを調べてこれから電流密度をしらべてみると，これはまた非常に大きく約 10^4 A/cm^2 もある．このように低い温度で，このような大きい電流密度が存在するということは，電子放出の機構が熱電子放出でないことを明らかに示している．

熱電子放出説では説明できそうもないもう一つの実験事実を示そう．**図 4.25** の実験装置でまずアーク放電を行なわせておき，**図 4.26** の (*a*) に示すように電源を短時間 τ だけ切ってみる．そうして電源が回復したとき，アーク放電が再び続くかどうか，すなわち再点弧が行なわれるかどうかを実験してみる．同様な実験を W や C のアーク放電について行なうと，τ を 0.1 sec ぐらいに長くしても立派に再点弧が行なわれる．すなわち (*b*) のようになる．それは電極の熱容量のために τ の間に電極の温度が少ししか下がらず，その間，熱電子放出の能力が保持されるためである．熱電子放出によるアーク放電はこのようにいわば慣性の大きい現象である．ところが Hg のアーク放電の場合は τ をどんどん短くしていっても再点弧は行なわれず，(*c*)のように放電が消えてしまう．実に $\tau=10^{-9}$sec まで短くした実験においても再点弧はついに見られなかったのである．このように陰極輝点における電子放出の機構は，熱電子放出に比較して全然段違いに慣性の小さい現象なのであって，熱電子放出とは全く別のものを考えなければならない．

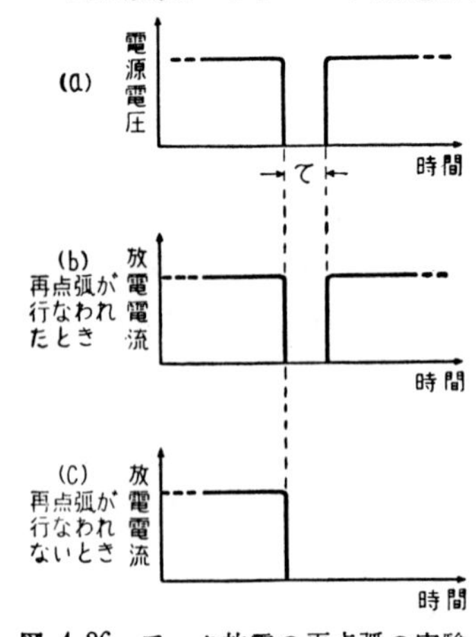

図 4.26. アーク放電の再点弧の実験．

熱電子放出説が否定された後に登場したのが**電界放出** (high field emission, field emission, 高電界放出ともいう) によって説明しようという考え方である．陰極輝点では温度があまり上がれない代わりに水銀蒸気の蒸発が非常に盛に行なわれているので，Hg の密度は非常に高くなっているはずである．したがってイオン密度も非常に高く，その部分における電界のひずみはグロー放電の場合に比較して格段に高くなっていると考えられるから，陰極表面の電界強度 E_c は相当高い値になっていると思われるのであって，この考え方は大いに魅力がある．そこでこの電界放出説を検討してみよう．

電界放出の理論は立派なものがあって，それによると相当多量の電子放出が行なわれるためには少なくとも 10^7 V/cm の電界強度が必要なことがわかっている．そこで Hg の陰極輝点における E_c が果たしてこの程度の値になっているかどうかを調べてみる必要がある．それには

(1) E_c を直接測定する．

(2) V_c，d_c および d_c の間の電位分布曲線を測定し，それから計算によって求める．

のいずれかによらなければならない．陰極輝点は形も小さく，しかもはげしく動きまわっているので，この測定は非常にむずかしいが，(2) の方は何とかならないこともない．まず V_c は容易に測れて，約 10 V，すなわち Hg の V_i にほぼ等しい値である．次に d_c も巧妙な写真の技術で 10^{-3} cm の程度と測定されている．d_c の間の電位分布曲線はまだ測定されていないが，もしこれがグロー放電の場合と全く同じ式 (4.32) のような放物線であるとすると，E_c は式 (4.33) に $x=d_c$ を代入した値であって

$$E_c=2\,V_c/d_c=2\times10^4\ \mathrm{V/cm} \tag{4.35}$$

となる．これは前記の 10^7 V/cm に比較して3けたも小さい値でしかない．

このような次第で電界放出説も行きづまってしまった．もっとも上記の計算では，d_c の間の電位分布曲線を仮定しているのであるが，これが特殊な形であるために E_c が式 (4.35) の値より3けたも大きくなっていると考えるためには，よほど特殊な電位分布曲線を考えなければならず，それにはそのような奇妙な電位分布曲線がどうして発生するかの説明をしなければならないのである．そして，これがまた容易なことではない．

このように電界放出説でも，うまく説明できないとなると，われわれははたと行きづまってしまうのである．もちろん，世界の学者がこの状態をただ傍観しているはずはないので，今日までこの問題について，ずいぶん多くの研究や

提案がなされたのであるが，遺憾ながらまだ陰極輝点は秘密のヴェールをとることに頑強な抵抗を続けているのである.

この本の最後がこのような文章で終ることは，わたしは極めて適切なことであると思っている．それはこのような未解決の問題が山積しているのが学問の世界の実際の姿なのだからである．しかし，こう言っている間にでも世界の多くのすぐれた頭脳が，自然の秘密を次々に解きつつあることを忘れてはならない．わたしはこれを読んで若い皆さんが真理探究に向かってファイトを燃やしてくれることを期待したい．「真理探究」の場こそ，若人が精魂を打ち込むのにふさわしい場所なのだからである.

付　　録

1. 物理定数表

電子の電荷 (q)	4.803×10^{-10} e.s.u.
	$=1.602\times10^{-19}$ C ($\equiv$ A・sec)
電子の静止質量 (m_e)	9.11×10^{-28} g
電子の比電荷 (q/m_e)	5.27×10^{17} e.s.u./g
	$=1.759\times10^{7}$ e.m.u./g
プランク定数 (h)	6.63×10^{-27} erg・sec
1 mmHg, 0°C の気体の分子密度	$3.54\times10^{16}/\mathrm{cm}^3$
1気圧, 0°C の気体の分子密度	$2.69\times10^{19}/\mathrm{cm}^3$
ボルツマン定数 (k)	1.38×10^{-16} erg/°K
水素原子の質量	1.673×10^{-24} g
m_H/m_e	1840
水素原子の電子のボーア軌道の半径 (a_0)	0.528×10^{-8} cm
πa_0^2	$0.88\times10^{-16}\ \mathrm{cm}^2$
1電子ボルト (eV)	1.602×10^{-12} erg
q/k	11,600 °K/V

2. 積分公式

$$\int_{-\infty}^{+\infty} e^{-ax^2}dx=2\int_0^{\infty} e^{-ax^2}dx=\sqrt{\frac{\pi}{a}} \tag{A 2.1}$$

両辺を a で微分して

$$\int_{-\infty}^{+\infty} x^2e^{-ax^2}dx=2\int_0^{\infty} x^2e^{-ax^2}dx=\frac{1}{2}\frac{\pi^{1/2}}{a^{3/2}} \tag{A 2.2}$$

さらに両辺を a で微分して

$$\int_{-\infty}^{+\infty} x^4e^{-ax^2}dx=2\int_0^{\infty} x^4e^{-ax^2}dx=\frac{3}{4}\frac{\pi^{1/2}}{a^{5/2}} \tag{A 2.3}$$

$$\int xe^{-ax^2}dx=-\frac{1}{2a}e^{-ax^2} \tag{A 2.4}$$

両辺を a で微分して

$$\int x^3e^{-ax^2}dx=-\frac{1}{2a}e^{-ax^2}\left(x^2+\frac{1}{a}\right) \tag{A 2.5}$$

$$\int e^{-ax}dx=-\frac{1}{a}e^{-ax} \tag{A 2.6}$$

両辺を a で微分して

$$\int x e^{-ax} dx = -\frac{e^{-ax}}{a}\left(x+\frac{1}{a}\right) \tag{A 2.7}$$

さらに両辺を a で微分して

$$\int x^2 e^{-ax} dx = -\frac{e^{-ax}}{a}\left(x^2+\frac{2x}{a}+\frac{2}{a^2}\right) \tag{A 2.8}$$

3. 参　考　書

さらに深く勉強したい人のために参考書をあげておこう。

統計力学関係では岩波講座，現代物理学中の

原島，戸田，市村，橋爪著　統計力学（上,・中，下）(1954)

がよい．また，

J.E. Mayer & M.G. Mayer : Statistical Mechanics (1940)

も解説の親切な本である．

気体論関係では同じく岩波講座，現代物理学中の

石原，木原著　気体論（上，下）(1954)

は，そう読みやすい本ではないが，第7章以下には気体中の荷電粒子の問題がボルツマンの方程式を用いて論じてあり，この方面の解説書としてすぐれている．また，同じ問題についての有名な本に

S. Chapman & T. G. Cowling : Mathematical Theory of Non-Uniform Gas (1953)

がある．

衝突の問題については，理論方面は

N. F. Mott & H. S. W. Massey : The Theory of Atomic Collision (1949)

実験については

H. S. W. Massey & E. H. S. Burhop : Electronic and Ionic Impact Phenomena (1952)

がある．

次に気体放電の専門書としては

L. B. Loeb : Basic Processes of Gaseous Electronics (1955)

があり，この方面で現在，標準的価値を持っている．*Review of Modern Physics*, Vol. 12, pp. 87/174 (1940) に掲載されている

M. J. Druyvesteyn & F. M. Penning : The Mechanism of Electrical Discharge in Gases of Low Pressure

は少し古いが，すぐれた解説書である．この本は土手氏の邦訳（紀文書院）がある．

A. von Engel : Ionized Gases (1955)

は，本書よりやや程度の高いぐらいの本であり，学生の参考書の程度である．山本，奥田両氏の邦訳（コロナ社）がある．

プラズマ物理関係では

L. Spitzer : Physics of Fully Ionized Gases (1955)

は，小さい本であるが，権威を持っている．

J. G. Linhart : Plasma Physics (1961)

D. J. Rose and M. Clark, Jr. : Plasma and Controlled Fusion (1961)

などは，わかりやすくて良い本である．

日本語では，やはり岩波講座，現代物理学（第2版）13巻に

木原，水野著　プラズマの物理学 (1959)

がある．

気体の絶縁破壊については

J.M. Meek & J.D. Craggs : Electrical Breakdown of Gases (1953)

がある．

放電関係のデータブックとしては

電気学会放電専門委員会編，放電ハンドブック (1958)

S.C. Brown : Basic Date of Plasma Physics (1959)

などがよい．

索　　引

〔ア　行〕

〔カ　行〕

〔サ　行〕

〔タ　行〕

〔マ 行〕

〔ヤ 行〕

〔ラ 行〕

新装版
気 体 放 電

1960年1月25日 初 版 発 行
1968年1月31日 第 2 版 発 行
● 2019年4月30日 新装版1刷発行
● 2022年3月31日 新装版3刷発行

著 者 八 田 吉 典

発行者 大 塚 浩 昭
発行所 株式会社 近代科学社
〒101-0051 東京都千代田区神田神保町1-105
https://www.kindaikagaku.co.jp

藤原印刷 ISBN978-4-7649-0526-9

定価はカバーに表示してあります.